任务驱动学电视机维修技术

王忠诚　编著

电子工业出版社.

Publishing House of Electronics Industry

北京·BEIJING

内 容 提 要

本书是依照行动导向的教学模式，采用任务驱动的教学方法编著而成的。全书由 11 个教学情境构成，先后讲述了数码彩电和液晶电视机的电路结构及维修技巧。通过多媒体手段和实训手段来完成 11 项教学任务，实现教学目的，使初学者逐步掌握电视机维修技术。

全书内容精彩，教学形式生动活泼，充分展现了师在"做"中教，徒在"做"中学的教学特色，大大减少了教学的疲劳感，使得教与学都变成了一件十分有趣的事情。

本书适合中职和高职电子专业学生使用，对广大初学电视机设计、维修技术的人员也有较好的指导作用，还可作为短期培训班的教材。

图书在版编目（CIP）数据

任务驱动学电视机维修技术 / 王忠诚编著. —北京：电子工业出版社，2013.8
（任务驱动学电子电器维修技术）
ISBN 978-7-121-20447-0

Ⅰ. ①任… Ⅱ. ①王… Ⅲ. ①电视接收机－维修 Ⅳ. ①TN949.7

中国版本图书馆 CIP 数据核字（2013）第 103671 号

责任编辑：张　榕
印　　刷：北京季蜂印刷有限公司
装　　订：三河市鹏成印业有限公司
出版发行：电子工业出版社
　　　　　北京市海淀区万寿路 173 信箱　邮编　100036
开　　本：787×1092　1/16　印张：16　字数：412 千字
印　　次：2013 年 8 月第 1 次印刷
印　　数：4 000 册　定价：35.00 元

凡所购买电子工业出版社图书有缺损问题，请向购买书店调换。若书店售缺，请与本社发行部联系，联系及邮购电话：（010）88254888。

质量投诉请发邮件至 zlts@phei.com.cn，盗版侵权举报请发邮件至 dbqq@phei.com.cn。

服务热线：（010）88258888。

近些年来，随着我国普通高校数量的不断增加和招生规模的不断扩大，中学阶段成绩稍好、学习积极性稍高的学生都步入了高校，而基础差，学习兴趣低的学生则流入了职业技术院校。加上政府对农村投入的不断增加，使得大量的农村劳动力也涌入了职业技术院校，这为我国职业教育带来了前所未有的难度，职业教育教学改革势在必行。

教育部在《面向 21 世纪深化职业教育教学改革的原则意见》中指出："职业教育要培养同 21 世纪我国社会主义建设要求相适应的具有综合职业能力和全面素质的，直接在生产、服务、技术和管理一线工作的应用型人才"。这为我国职业教育教学改革指明了方向。职业教育教学改革千头万绪，其中包含了教学方法的改革和教材的改革。为此笔者通过对当前职业技术教育的现状进行深入调研后，大胆创新，尝试把二者紧密地结合起来，推出一套《任务驱动学电子电器维修丛书》。该丛书共 3 本，分别为《任务驱动学电子元器件》、《任务驱动学模拟电子技术》、《任务驱动学电视机维修技术》。这套丛书在编写过程中充分融入了行动导向的教学模式，以项目为载体，采用任务驱动的教学方法，使教学方法的改革和教材的改革紧密地结合在一起。

任务驱动教学法是行动导向教学法中的一种，它是指在教学过程中，充分体现以学生的学习活动与完成任务相结合，学生在教师的指导下，为完成一个具体的任务，积极主动地应用学习资源，自主探索和协同合作的学习。学生在完成一个具体任务时，即在进行理论与实际相结合的学习实践活动。任务驱动教学法要求教学任务有极强的目标性，并要创建相应的教学情境，让学生在真实具体的任务的驱动下学习，从而激发和维持学生的学习兴趣，不断地使学生获得成就感，进而更大地激发他们的求知欲望，培养学生的自主探索、勇于创新的能力。

任务驱动教学会使学生的学习不再是一个简单的知识积累的过程，而是学生主动应用所学知识，解决实际问题，建立实践经验的过程。它不仅能使学生牢固地掌握知识，更重要的是有效地提高了解决实际问题的能力。

《任务驱动学电子电器维修丛书》具有以下一些特点：

1．从职业教育的学情特点出发，在内容选取上充分遵守"五求五不求"的原则，围绕知识的"六性"进行。

"五求五不求"是指：不求高深理论，只求一技在身；不求知识广博，只求一面突破；不求学问大小，只求市场需要；不求面面俱到，只求够用就好；不求官职有无，只求就业稳固。知识的"六性"是指：知识的新颖性、科学性、简约性、实用性、趣味性、延续性。

2．在教学模式上充分注重"三本"理念，即，以职业要求为本的"职本"理念；以学生为本的"生本"理念；以工作过程为本的"工本"理念。

此套教材将职业要求作为指挥棒，教学内容的组织完全按照职业要求进行；丛书自始至终将学生摆在第一位，充分体现以学生为"主演"，教师为"导演"的特点；丛书以工作过程为主线，突出工学结合，充分展现师在"做"中教，徒在"做"中学的教学特色。

3．根据电子电器专业具有实践性强、信息量大的特点，本丛书采取了"四结合"的教学手段，充分调动学生的感觉器官。

所谓"四结合"的教学手段是指多媒体教学与现场教学相结合；实物教学与仿真教学相结合；理论教学与实际操练结合；对话教学与图话教学相结合。

4．丛书在每一个课时中都有明确的任务，让学生每堂课都面临一个急需解决的现实问题。

明确的任务会使学生主动应用所学知识，去分析并解决问题，从而培养学生自主探索、勇于创新的能力。

5．丛书中的每一个任务都是一个真实的学习情境，使学生能在与现实情况基本一致的情境中学习。

丛书通过文字、图片、表格、实例等创设与学习内容相关的真实情境，引导学生在真实的情境中学习和完成任务，使学习更具直观性、趣味性。

6．丛书促进了学生的自主学习、团队协作的能力。

为了达到完成任务的目的，教师先向学生传授解决问题的基本方法，引导学生搜集有关的信息资料，然后抛出任务，让学生自主完成，或充分发挥团队协作能力来完成任务。在完成任务的过程中，教师现场指导，及时纠正学生所存在的一些问题，使学生保质保量完成任务。

7．丛书彻底改变了"教师讲，学生听"的被动教学模式，创新了让学生主动参与的新型学习模式。每一堂课，教师讲授的时间只占 30%～50%，而学生完成任务的时间却占50%～70%，彻底改变了以前教师一言堂或满堂灌的教学模式。

总之，《任务驱动学电子电器维修丛书》对任务驱动教学方法在电子电器维修专业的应用进行了有益的探索，对电子电器专业的教学在教材方面的改革也有一定的借鉴和启发作用，对电子电器专业的教学实践，相信会取得良好的教学效果。

前 言

我国职教经历了十几年的探索，逐步走出了窘境，形成了自己独特的风格，这种风格主要体现在以下两个方面。

一是创立了"校企合作、工学结合"的办学模式。通过校企合作，可以拉近学校与企业的距离，使企业资源为学校所用，使企业参与教学；通过工学结合可以拉近学生与岗位的距离，增强学生对接岗位的能力。

二是创新了教学模式。职业学校以适应职业岗位需求为导向，大力开展教学模式改革，促进知识传授与生产实践的紧密衔接，形成教学内容对接职业岗位任职要求，突出"做中教，做中学"的教学特色。职业学校针对不同专业和课程的特点，积极运用项目教学、案例教学、情境教学等合适的教学模式。目前，项目教学模式和情境教学模式在电子专业教学中已广泛应用。所谓项目教学模式是指通过实施一个完整的项目而进行的教学活动，其目的是在课堂教学中把理论与实践教学有机地结合起来，充分发掘学生的创造潜能，提高学生解决实际问题的综合能力。所谓情境教学模式是指以实际应用情境为核心，引导学生使用角色模拟的方式获取知识与经验的教学方法，提倡"以用为本、学以致用"。

职教的风格虽然形成，但教材问题一直制约着职教的发展。虽然职教主管部门提倡各个学校建设校本教材，但教材的开发绝非易事，并非每个教师都具备开发教材的能力。如果每个职业学校都强行开发教材，则会导致职教教材泛滥、质量低下、内容不准确等现象，甚至还会出现抄袭、剽窃等违法行为。因此，职教主管部门及相应的出版社组织有经验、有水平的教师编著新时期的职教教材就显得很有必要。

《任务驱动学电视机维修技术》就是在这样的背景下推出的，它通过任务驱动的方式来完成教学，充分体现了"做中教，做中学"的教学特色，是项目教学和情境教学的完美结合。全书采用行动导向的原则，将教学内容提炼成 11 个教学情境。通过这 11 个教学情境来传授数码彩电和液晶电视机的电路知识和维修知识，通过学生完成 11 项具体任务来实现教学目的。

本书在讲解过程中，采用了一些实际产品电路图，为了维修方便，其中有不符合国标的情况并未按规定修正，特此说明。

参加本书编写的还有：钟燕梅、陈兴祥、杨建红、王逸轩、罗纲要、孙唯真、邢修平、蒋茂方、王逸明、张友华、宋克对、王梅华、李华、宋兵。同时得到了王进军、易尚凯、戴孝良、曹成、张晓勇、刘安隆等同志的大力支持，在此深表谢意。

编 著 者

CRT 篇

CRT 篇

情 境 **1** 整 机 概 述

【主要任务】 本情境任务有二，一是让学生掌握彩色电视机的整机结构，了解一些关键元器件的特征及功能，并能迅速区分各部分电路在电路板上的位置；二是训练学生的维修工艺能力，包括特殊元器件的识别、集成电路的拆卸与安装工艺等。

项目教学表

项目名称：整机概述			课　时	
授课班级				
授课日期				

教学目的：
　　通过教、学、做合一的模式，使用任务驱动的方法，使学生掌握彩色电视机的整机结构，了解一些关键元器件的特征及功能，正确区分各部分电路在电路板上的位置，并提高维修工艺水平。

教学重点：
　　讲解重点——彩色电视机结构框图及电路布局；
　　操作重点——特殊元器件的识别，集成电路的拆装工艺。

教学难点：
　　理论难点——彩色电视机结构框图及各部分电路的作用；
　　操作难点——集成电路的拆装工艺。

教学方法：
　　总体方法——任务驱动法。
　　具体方法——实物展示、讲练结合法、手把手传授法、归纳总结法等。

教学手段： 多媒体手段、信息手段、实训手段等。

		内　容	课　时	方法与手段	授 课 地 点
项目分解及课时分配	子项目 1	整机结构	12（理论 6；实训 6）	实物展示、演示、讲授、师徒对话等方法；多媒体手段	多媒体实训室
	子项目 2	集成电路的检测与拆装工艺	4（实训）	讲授、师徒对话、演示、讲练结合、手把手传授、归纳总结等方法；实训手段	多媒体实训室
教学总结与评价					

任务书1——整机结构

项目名称	整机结构	所属模块	整机概述	课　　时	
学员姓名		组　　员		机　　号	
教学地点：					

1. 观察电路板

（1）认真观察电路板，区分各个部分，根据机心类型选择填写表1或表2。

表1　核心元器件（单片机心）

区　域	名　　称	型号或规格	区　域	名　　称	型号或规格
电源部分	300V滤波电容		灯座板	末级视放管	
	开关管			管座	
	开关变压器		小信号处理部分	单片小信号处理器	
扫描部分	场输出集成块				
	行管		控制部分	CPU	
	行输出变压器			存储器	
	行激励变压器		调谐器部分	调谐器	
	行激励管				

表2　核心元器件（超级芯片机心）

区　域	名　　称	型号或规格	区　域	名　　称	型号或规格
电源部分	300V滤波电容		灯座板	末级视放管	
	电源开关管			管座	
	开关变压器		小信号处理与控制部分	超级芯片	
扫描部分	场输出集成块				
	行管			存储器	
	行输出变压器		调谐器部分	调谐器	
	行激励变压器				
	行激励管				

（2）查阅相关三极管的参数

借助工具书或网络资源查阅相关三极管的参数，将参数填入表3中

表3　三极管参数

名　　称	型　　号	主　要　参　数			
		U_{CBO}	I_{CM}	P_{CM}	f_T
电源开关管					
行管					
末级视放管					

注：工具书可选用电子工业出版社出版的《新编国内外三极管速查手册》；网络资源可选用 www.21ic.com 网站或其他网站。

（3）对主板进行拍照，将照片（或打印件）粘贴在以下位置，并标出 300V 滤波电容、开关管、开关变压器、场输出集成块、行管、行输出变压器、行激励变压器、CPU、单片小信号处理器（或超级芯片）、存储器、调谐器的位置。

主板照片粘贴处

2．显像管及光栅的观测

（1）观察显像管，画出显像管引脚平面图，标出各引脚。

（2）用万用表 1Ω 挡测量行、场偏转线圈的阻值。

行偏转线圈阻值为＿＿＿＿＿＿＿＿＿，场偏转线圈阻值为＿＿＿＿＿＿＿＿＿。

（3）观察扫描光栅

断开场偏转线圈引线，开机，观察荧光屏上的电子扫描情况，画出屏幕显示情况。

连通场偏转线圈引线，开机，再次观察荧光屏上的电子扫描情况，画出屏幕显示情况。

通过以上两次观察，可以得出结论：行扫描只能使屏幕出现一条_____亮线，行、场扫描才能使屏幕出现_____。

教学效果评价	学生评教	学生对该课的评语：				
		总体感觉：				
		很满意□	满意□	一般□	不满意□	很差□
	教师评学	过程考核情况				
		结果考核情况				
		评价等级：				
		优□	良□	中□	及格□	不及格□

任务书 2——集成电路拆装工艺

项目名称	集成电路拆装工艺	所属模块	整机概述	课　时	
学员姓名		组　员		板　号	
教学地点：					

每个学生发放一块废旧彩电主板，训练拆装各类集成块。

1. 列写所需的工具

2. 拆装单列直插集成块（如场输出块、伴音功放块），写出拆装步骤，填写表 1。

拆装步骤：

表 1　单列直插集成块拆装记录

集成块功能	型　号	引脚数量	完成拆卸所需的时间	完成安装所需的时间
场输出块				
伴音功放块				

3. 拆装小规模双列直插集成块（如存储器、信号切换电路等），写出拆装步骤，填写表 2。

拆装步骤：

表 2　小规模双列直插集成块拆装记录

集成块功能	型　号	引脚数量	完成拆卸所需的时间	完成安装所需的时间

4. 拆装大规模集成块（如 CPU、小信号处理器等），写出拆装步骤，填写表 3。

拆装步骤：

表 3　大规模集成块拆装记录

集成块功能	型　号	引脚数量	完成拆卸所需的时间	完成安装所需的时间

教学效果评价	学生评教	学生对该课的评语：
		总体感觉： 　　很满意□　　满意□　　一般□　　不满意□　　很差□
	教师评学	过程考核情况
		结果考核情况
		评价等级： 　　优□　　良□　　中□　　及格□　　不及格□

教 学 内 容

子项目1: 整机结构

彩色电视机是视频显示设备, 其最后的结果是将图像显示在屏幕上, 同时从扬声器中再现出伴音。就维修角度而言, 彩色电视机的故障体现在光、图、色、声四个方面, 而每个方面的故障都与内部电路的工作情况存在一定的对应关系, 只要掌握了这种对应关系, 再施以适当的检测手段, 就能找到故障点。因此, 学会检修彩色电视机, 不是什么难事。

一、初识彩色电视机

打开彩色电视机的后壳, 便可以清晰地看到彩色电视机的内部部件, 彩色电视机的内部共有三大部件, 即显像管、扬声器 (或称喇叭)、电路板 (包含主板的灯座板), 如图 1-1 所示。

显像管是彩色电视机的心脏, 是用来显示图像的部件, 荧光屏是它的一个重要组成部分, 图像就显示在荧光屏上。

扬声器是用来再现伴音的部件, 它一般装在电视机前壳的左右两侧, 或装在前壳的左下角和右下角。电视机中的声音称为伴音, 因为它总是与画面相伴而行, 而不独立存在。

电路板是用来处理各种信号的部件, 彩色电视机的所有电路均安装在电路板上。它是电视机的核心, 显像管和扬声器均靠电路板上的相应电路来驱动。任何电视机至少包含两块电路板, 一块是主板 (又称底板), 另一块是灯座板 (又称视放板)。灯座板用来安装显像管驱动电路 (即视放电路) 和显像管的附属电路, 其他电路全部安装在主板上。

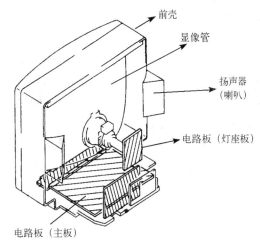

图 1-1   彩色电视机内的三大部件

二、显像管与光栅

显像管是一种阴极射线管 (或称电子射线管), 英文代号为 CRT, 它是电视机的心脏。显像管分单色显像管和彩色显像管两类, 以前的黑白电视机用的是单色显像管, 而彩色电视机用的是彩色显像管。以显像管为显示部件的电视机称为 CRT 电视机。

1. 单色显像管

图 1-2 为单色显像管的外形及结构示意图, 单色显像管由荧光屏、电子枪及玻璃外壳组成。

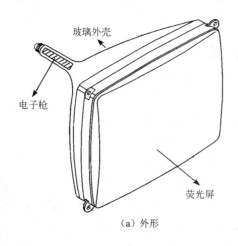
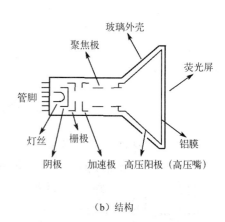

（a）外形　　　　　　　　　　　　　　　（b）结构

图1-2　单色显像管的外形及结构

（1）电子枪

电子枪由灯丝、阴极、栅极、加速极、聚焦极及高压阳极组成。其任务是发射电子束轰击荧光屏。

灯丝的作用是加热阴极，使阴极发射电子。灯丝两端一般加 12V 直流电压，电流流过灯丝后，灯丝会被点亮，并产生热量，加热阴极，使阴极发射电子。

阴极的作用是发射电子。阴极被加热后，就会向外发射电子。阴极发射电子的多少与阴-栅电压（即阴极与栅极之间的电压）有关，当阴-栅电压越高时，阴极表面的电子就越难挣脱阴极的束缚而发射出去，此时发射的电子就少；若阴-栅电压越低，阴极表面的电子就越容易发射出去，此时发射的电子就多。

栅极位于阴极的前方，离阴极很近（约 0.1～0.2mm），中央开有小孔，为电子运行提供通路。栅极一般接地，这样，只要控制阴极电压的高低，就可控制电子的发射量。

加速极位于栅极的前方，中央开有小孔，以便电子能够通过。加速极上一般加有一百多伏的正电压，它对阴极发射出来的电子起加速作用，使电子高速向荧光屏方向运行。加速极电压越高，电子运行速度就越快。

聚焦极一般做成直径较大的圆筒，其上加有 0～400V 直流电压。聚焦极的作用是将较粗的电子束聚成很细的电子束。电子束越细，重现的图像就越清晰。

高压阳极加有 10kV 左右直流电压（俗称高压），其作用是进一步加速电子束，使电子束能高速轰击荧光屏上的荧光粉，使荧光粉发光。高压不从管脚引入，而通过玻璃锥体上所开的小嘴（俗称高压嘴）引入。高压阳极分成两部分，一部分位于管颈部位，另一部分与铝膜相连。铝膜很薄，高速运行的电子很容易穿过。

（2）玻璃外壳

玻璃外壳包括管颈、锥体和玻屏三部分。管颈内部安装电子枪，玻璃锥体将玻屏和管颈连接起来。玻璃锥体内、外壁涂有石墨导电层，内导电层与高压阳极相连，外导电层与电视机的"地线"相连。这样，内、外导电层之间形成一个约 500～1000pF 的电容，该电容作为阳极高压的滤波电容。

（3）荧光屏

玻屏内壁上涂有一层约 10μm（微米）厚的荧光粉，故通常称为荧光屏或屏幕。荧光屏近似长方形，宽高比为 4：3。电视机的尺寸通常以荧光屏的对角线长度来计量，例如，35cm（14 英寸）电视机，就是指该机的荧光屏对角线长度为 35cm。

当电子束以很高的速度轰击荧光屏时，荧光粉就会发光。发光的强度与电子的轰击速度及数量有关，若电子束轰击荧光粉的速度越高或单位时间内轰击单位面积上的电子数量越多，荧光屏的发光强度也就越大。因此，提高加速极电压或阳极高压，都能提高屏幕的亮度。当然，控制阴极电压的高低，也能控制屏幕的亮度。事实上，都将图像信号加在阴极，使阴极电压随图像信号电压的变化而变化，这样就在屏幕上显示出了有亮度层次的图像来。

2．光栅的形成

荧光屏上的光称为光栅。当显像管阴极所发射出的电子束未受任何外力作用时，它只会轰击屏幕中心位置的荧光粉，从而在屏幕中心位置产生一个亮点，如图 1-3（a）所示。如果让电子束不断从左至右进行偏转，亮点就会在荧光屏上进行左右移动。只要移动的速度足够快，人眼就不再有亮点移动的感觉，看到的便是一条水平亮线，如图 1-3（b）所示。电子束这种从左到右轰击荧光屏的过程称为行扫描，或称水平扫描。同理，如果让电子束不断从上至下进行偏转，亮点就会在荧光屏上进行上下移动，只要移动的速度足够快，人眼看到的便是一条垂直亮线，如图 1-3（c）所示。电子束这种从上至下轰击荧光屏的过程称为场扫描或称垂直扫描。单一的行扫描或场扫描只能在屏幕上留下一条水平或垂直亮线，还不能形成光栅。实际上，电子束的两种扫描是同时进行的，且行扫描的速度远大于场扫描的速度，这样就在屏幕上形成一行接一行略向右下方倾斜的水平亮线，这些亮线合成为光栅，如图 1-3（d）所示。只要水平亮线足够密，人眼就不再有"线"的感觉，而是觉得整个屏幕都发亮了。

（a）屏幕中央的亮点   （b）行扫描形成水平亮线   （c）场扫描形成垂直亮线   （d）行场扫描形成光栅

图 1-3 光栅的形成

3．彩色显像管

彩色显像管是在单色显像管的基础上发展起来的，从其发展历程来讲，先后出现过三枪三束管、单枪三束管和自会聚管三种类型。目前，彩色电视机所用的显像管均为自会聚管，这种显像管由玻璃外壳、荧光屏、电子枪、阴罩板等部件组成，如图 1-4 所示，显像管的管颈上套有一个配套的偏转线圈。

电子枪由灯丝、三个一字形排列的阴极、栅极、加速极、聚焦极及高压阳极组成。

灯丝采用 6.3V 的脉冲电压进行供电，供电电压由行输出变压器的一个绕组提供。灯丝的作用是加热三个阴极，使三个阴极能发射出三条电子束。

三个阴极分别用 kR（红阴极）、kG（绿阴极）和 kB（蓝阴极）来表示，阴极电压的高低决定电子发射量。R（红）、G（绿）、B（蓝）三基色视频信号分别加在三个阴极上，在三基色视频信号电压的控制下，三个阴极分别发出相应强度的电子束，并轰击荧光屏上的对应荧光粉，最终显示彩色图像。

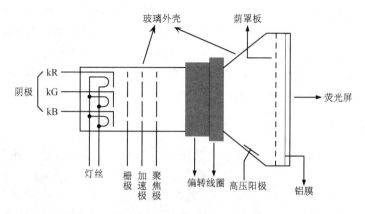

图 1-4　自会聚管结构示意图

栅极通常接地，为 0 电位。

加速极又称帘栅极，一般加有 300～800V 的直流电压，以便对电子束进行加速，使电子束能高速向荧光屏方向运行。

聚焦极一般加有 3～7kV 的直流电压，它能将电子束聚集，以提高图像清晰度。

高压阳极上加有 18～25kV 的高压，它对电子束起进一步的加速作用，使电子束以足够的速度轰击荧光屏。

荫罩板是一块用来选色的部件，位于显像管内离荧光屏约 1cm 处。阴罩板的作用是确保 kR、kG 和 kB 所发射出来的电子束只能击中各自对应的荧光粉条，进而确保画面颜色准确。

荧光屏的内壁上涂有垂直、交替的 R、G、B 三基色荧光粉，由于荫罩板的作用，每一基色荧光粉只能被其对应的电子束击中而发光。在荧光屏上未涂有荧光粉的空隙处，涂上黑色吸光材料（如石墨），吸收管内、外杂散光，以提高图像对比度。在荧光粉上蒸上一层铝膜，它能将荧光粉所发出的光向外反射，以增强荧光屏的亮度。铝膜很薄，能让体积小、运行速度高的电子穿过，而那些体积大、运行速度慢的重离子不能穿过铝膜，这样就可有效避免荧光粉受重离子轰击而提前衰老。

套在管颈上的偏转线圈能控制电子束进行扫描运动，偏转线圈由两部分构成，即行偏转线圈和场偏转线圈，如图 1-5 所示，它们内部流过的电流都是锯齿波电流。当锯齿波电流流过行偏转线圈时，行偏转线圈就会产生垂直方向的磁场，从而使电子束在水平方向上一行一行地进行扫描。当锯齿波电流流过场偏转线圈时，场偏转线圈就会产生水平方向的磁场，从而使电子束在垂直方向上一场一场地进行扫描。由于电子的扫描运动，使得荧光屏上形成光栅；又由于三个阴极上分别加有 R、G、B 三基色视频信号，使得荧光屏上各部位的光栅亮度及颜色按视频信号规律变化，结果在荧光

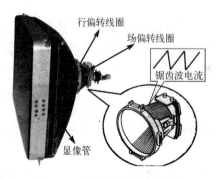

图 1-5　显像管上的偏转线圈

屏上出现彩色图像。

三、彩色电视信号

彩色电视信号是由彩色摄像管产生的，彩色摄像管输出的是红（R）、绿（G）、蓝（B）三基色信号。为了将它们传送出去，还必须对它们进行"加工"处理，先将它们编成一个彩色全电视信号，这个"加工"的过程叫编码。在彩色电视机中，为了在彩色显像管上重现彩色图像，必须将彩色全电视信号"分解"成 R、G、B 三基色信号，这个"分解"过程叫解码。解码是编码的逆过程。

1．彩色三要素

衡量彩色的物理量有三个，即亮度、色调和色饱和度。常将它们称为彩色三要素，色调和色饱和度统称为色度。

亮度：表示彩色在视觉上引起的明暗程度，它决定于光的强度。

色调：表示彩色的种类，是彩色的重要属性。通常所说的红、橙、黄、绿、青、蓝、紫七种颜色，实际上就是指七种不同的色调。色调是由光的波长（或频率）决定的。

色饱和度：表示彩色深浅的程度。同一色调的彩色光，可给人深浅程度不同的感觉，如深红、浅红就是饱和度不同的两种红色。深红色的饱和度高，而浅红色的饱和度较低。

2．三基色

自然界中的彩色虽然千差万别，形形色色，但绝大多数彩色都可以分解成红、绿、蓝三种独立的基色。而用红、绿、蓝三种独立基色按不同比例混合，可以模拟出自然界中绝大多数彩色。三种基色之间的比例，直接决定混合色的色调与饱和度，混合色的亮度等于各基色的亮度之和，这就是三基色原理的基本内容。这里所说的独立基色是指红（R）、绿（G）、蓝（B）三种基色中任一基色不能由其他两种基色来合成，它们彼此之间是独立的，不能互相代替。

利用三基色按不同比例混合来获得彩色的方法，称为混色法。彩色电视机都是利用三个基色相加来获得彩色图像的，这种方法称为相加混色法。相加混色法如图 1-6 所示。由图可知，红色和绿色混色可得黄色，红色和蓝色混合可得紫色，蓝色和绿色混合可得青色，红色、绿色、蓝色三者混合可得白色。

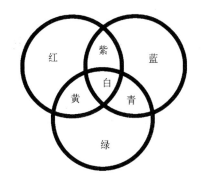

图 1-6　相加混色法

3．彩色电视制式

制式是指完成彩色电视信号发送与接收的具体方式。不同的国家、不同的地区在进行彩色电视信号传送和接收时，可能采取不同的编码及解码方式，从而使彩色电视具有不同的制式。

当今全球应用最多的电视制式有三种，即 NTSC 制（美国、日本及加拿大等国使用）、PAL 制（中国、英国等国使用）、及 SECAM 制（俄罗斯、法国等国使用）。这三种制式都是同时传送亮度信号和色度信号，且传送的色度信号是两个色差信号（即红色差信号 R-Y 和蓝色差信号 B-Y），并将色差信号插入到亮度信号的高频端进行传送。为了将色差信号插入到亮度信号的高频端，三种制式都是以色差信号调制另一个彩色副载波的方式来实现，副载波频率在 3.5～4.5MHz 之间，且经过严格选择（我国选择的副载波频率为4.43361875MHz，简称 4.43MHz）。

4．彩色电视信号的编码与解码

图 1-7（a）为彩色电视信号编码示意图，编码过程在发射端完成。从摄像管输出的三基色信号 R、G、B，经过矩阵电路形成一个亮度信号 Y 和两个色差信号 R-Y 和 B-Y。R-Y 和 B-Y 信号调制到 4.43MHz 的副载波上，形成已调红色差信号 Fv 和已调蓝色差信号 Fu，两个信号的中心频率都为 4.43MHz，但相位不同。然后 Fu 和 Fv 混合，形成色度信号 F，F 再与 Y 混合，形成彩色全电视信号（用 FBYS 表示）或称视频信号。FBYS 信号就是需要传送出去的信号，只要将该信号送入发射机，调制到某一频道的载波上，就可以发射出去，或通过有线网络传输出去。

图 1-7（b）为彩色电视信号解码示意图，解码过程在彩色电视机内部完成。彩色电视机接收到的高频电视信号，先经高、中频电路进行处理，获得彩色全电视信号 FBYS，FBYS 信号经亮色分离后形成亮度信号 Y 和色度信号 F，F 经分离和解调后形成 R-Y 和 B-Y 信号，Y、R-Y、B-Y 进行矩阵后恢复出 R、G、B 三基色信号，三基色信号经放大后便可驱动彩色显像管，从而再现彩色图像。

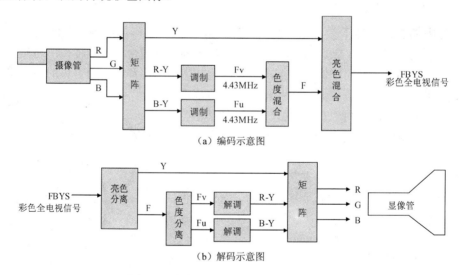

图 1-7　彩色电视信号编码和解码示意图

四、彩色电视机的电路结构

1．整机电路结构框图

图 1-8 是彩色电视机的电路框图，它由八大部分构成。

第一部分为调谐器部分，这一部分主要负责接收高频电视信号，并将高频电视信号转化为中频电视信号。

第二部分为中频通道，它包含图像中频通道及伴音中频通道两部分，这两部分常位于同一集成块中。图像中频通道负责对图像中频信号进行处理，产生复合视频信号（即彩色全电视信号，常用 FBYS 或 CVBS 表示），同时还将图像中频信号和第一伴音中频信号进行混频处理，产生第二伴音中频信号。伴音中频通道负责对第二伴音中频信号进行放大和解调处理，产生音频信号。

第三部分是解码电路，它是彩色电视机的核心电路，由亮度通道、色度通道及解码矩阵等电路组成。解码电路的作用是将彩色全电视信号还原成 R、G、B 三基色信号。

第四部分是末级视放电路，它负责对 R、G、B 信号进行电压放大，并驱动显像管工作。末级视放电路装在一块独立的电路板上，常称该电路板为视放板（或灯座板）。

第五部分为伴音功放电路，它负责对音频信号进行功率放大，最终推动扬声器工作。

第六部分是扫描电路，其作用是向偏转线圈提供行、场扫描电流，还向显像管提供灯丝电压、高压、聚焦电压和加速电压。

第七部分是遥控系统。彩色电视机均采用遥控系统来完成整机控制，包含调谐控制、波段控制、模拟量控制、换台操作等。由于采用遥控系统，极大地方便了使用者。遥控系统是以中央微处理器（CPU）为核心构成的，是一个微机系统。

第八部分是开关电源及显像管消磁电路。开关电源产生各种直流电压输出，为电视机各部分提供供电电压。消磁电路的作用是在开机后的瞬间为显像管提供逐渐递减的交流消磁电流。

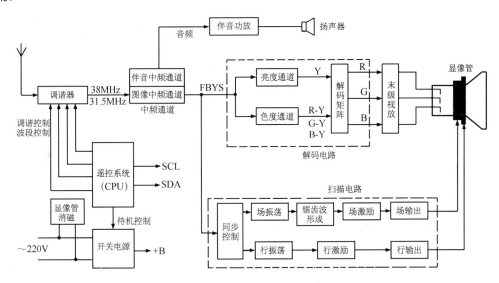

图 1-8　彩色电视机的电路框图

2．彩色电视机的机心

机心指的是电路类型，代表彩色电视机的电路骨架。目前，家庭拥有量最大的是单片机心和超级芯片机心，这两种机心的电路结构分别如图 1-9 和图 1-10 所示。

由图 1-9 可知，单片机心的最大特点是，将中频通道、解码电路、扫描电路的小信号处理部分集成在同一个集成块中，这个集成块被称为单片小信号处理器，它是一个大规模集成块，引脚一般在 50 个以上。在单片机心中，整机只有两块大规模集成块，一块是单片小信号处理器，另一块是遥控系统的 CPU，且单片小信号处理器受 CPU 的控制，控制方式为 I²C 总线式，即由时钟线 SCL 和数据线 SDA 来传输控制指令。

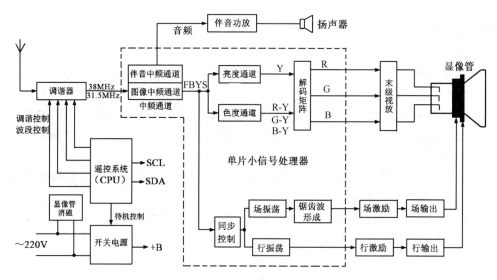

图 1-9　单片机心的电路结构

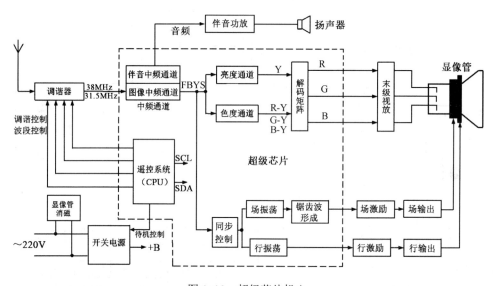

图 1-10　超级芯片机心

由图 1-10 可知，超级芯片机心的最大特点是，将中频通道、解码电路、扫描电路的小信号处理部分、CPU 集成在同一个集成块中，这个集成块被称为超级芯片，它的集成度规模更大，引脚一般为 52～64 个。在超级芯片机心中，整机只有一块大规模集成块，因而电路变得更加简单。

3．电路实物图

彩色电视机的电路是由元器件组成的，这些元器件按照一定的规律安装在印制板上，构成彩色电视机的电路板。弄清各部分电路在电路板上的位置及熟练掌握某些关键元器件的特征，对维修极有帮助。图 1-11 是某彩电的电路板实物图，图中标明了一些关键元器件的名称，通过这些关键元器件，很容易找到各部分电路所在的位置。初学者若能熟练地认识此图，不但对维修会有直接的帮助，同时还能达到举一反三、触类旁通的目的。

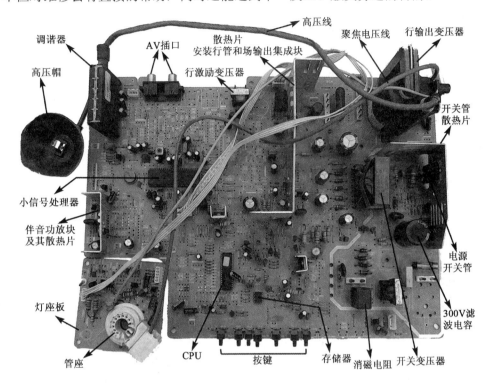

图 1-11　彩电的电路板实物图

　　下面着重谈谈如何在电路板上找到相应电路。要想在电路板上找到相应的电路，有两种方法：

　　一是根据电路图和印制板图来寻找。例如，要在电路板上找到行输出电路，可先在电路图中找到行输出电路，再根据行管（关键元器件）的序号在电路板上找到行管，行管周边的那部分电路就是行输出电路。这种方法虽准确，但比较机械。

　　二是根据各电路的特征及一些关键元器件的特征来寻找。这种方法具有简单、快捷的特点，特别适合快速检修和无电路图时的检修，但它要求检修者具有一定的认识电路和认识元器件的经验。下面重点介绍一下这种方法的应用。

　　（1）如何找到电源电路

　　电源电路一般安排在电路板的某个边沿部位，且具有如下几个特征：

　　① 电源电路与交流进线相连，只要找到交流进线，就能大致了解电源部位。

　　② 电源电路中有一个体积较大的开关变压器，只要找到该变压器，就能找到电源的大致部位。

　　③ 电源电路中有一个面积很大的散热片，散热片上有一个大功率三极管（开关管），只要找到该散热片，就能找到电源部位。

　　④ 电源电路中有一个体积较大、耐压在 400V 以上、容量在 100μF 以上的电解电容

（俗称 300V 滤波电容），只要找到该电容，就能大致了解电源部位。

根据以上几个特征，寻找电源部位十分容易。

（2）如何找到行扫描电路

行扫描电路一般安装在电路板的一个角上，具有如下几个特征：

① 行扫描电路中有一个行输出变压器（俗称高压包），该元件是电路板上体积最大的元件，一般带有两个电位器（极少数带有一个或三个电位器），故只要找到行输出变压器，就可以大致了解行扫描电路。

② 行扫描电路中有一个体积较大的散热片，且靠近行输出变压器位置，散热片上装有一个大功率管（俗称行管），故只要找到行管及散热片就能大致找到行扫描电路。

③ 行扫描电路中有一个体积较小的变压器（即行激励变压器），找到了该变压器也就能找到行扫描电路的大致位置。

根据以上三个特征，很容易找到行扫描电路的具体部位。

（3）如何找到场扫描电路

场扫描电路一般安排在靠近行扫描电路的区域，且场输出电路常由大功率集成块担任，该集成块是一单列直插式集成块，且带有一块面积较大的散热片。因此，只要找到场输出集成块，就能找到场扫描电路的位置。

（4）如何找到伴音功放电路

伴音功放电路有两个比较明显的特征，一是伴音功放电路中有两根或四根引出线，它们连接扬声器。二是伴音功放电路一般由一块大功率单列直插式集成块担任，集成块上带有一块面积较大的散热片。根据这两个特征很容易找到伴音功放电路。

（5）如何找到遥控系统和小信号处理电路

单片机心中有两块大规模集成块，一块是遥控系统的 CPU，另一块是小信号处理器。只要将这两块集成块区分开来，就能找到遥控系统和小信号处理电路所在的部位。CPU 与键盘相连，比较靠近键盘位置，根据这一点就能找到 CPU。找到了 CPU，自然也就找到了遥控系统的大致位置。遥控系统的位置找到之后，剩下的一块大规模集成块所在的区域便是小信号处理电路的具体部位。

（6）如何找到灯座板电路

灯座板是用来安装末级视放电路及显像管附属电路的那块电路板，它套在显像管的管脚上，一般呈方形或近似方形。根据这一特点很容易找到它。

五、彩色电视机的故障类型

1．故障现象描述

彩色电视机的故障现象常反映在光、图、声、色几个方面，大多数故障现象都有一种习惯性的描述，现收录如下，初学者很有必要了解一下。

三无故障：如果彩色电视机开机后，扬声器无声音发出，屏幕上也无图像和光栅，就称机器出现了三无故障。这种故障最常见。

无光故障：如果彩色电视机开机后，伴音正常，但屏幕上无光栅出现，就称机器出现了无光故障。这种故障比较常见。

水平亮线故障：如果彩色电视机开机后，仅在屏幕中部出现一条水平亮线，其余部分均无光栅，就称机器出现了水平亮线故障。这种故障很常见。

场幅不足故障：如果彩色电视机开机后，屏幕上部和下部出现了无光栅区域（上下黑边），就称机器出现了场幅不足的故障。这种故障很常见。

行幅不足故障：如果彩色电视机开机后，屏幕左边和右边出现了无光栅区域（左右黑边），其余部分有光栅，就称机器出现了行幅不足的故障。这种故障比较少见。

场线性不良故障：如果彩色电视机开机后，屏幕上的扫描线疏密不均匀，就称机器出现了场线性不良的故障。这种故障很常见。当出现场线性不良时，图像几何形状会失真，例如，上部拉长，下部压缩；或下部拉长，上部压缩等。出现场线性不良时，大多数情况下伴有场幅不足或场幅过大的现象。

黑屏故障：如果彩色电视机开机后，伴音正常，但屏幕上未出现光栅，而显像管灯丝发亮，若将加速极电压调高一点，屏幕能出现带回扫线的光栅，就称机器出现了黑屏故障。这种故障比较常见。黑屏故障与无光故障的最大区别是调高加速极电压后能出现光栅。

无图无声故障：如果彩色电视机开机后，扬声器无声音发出，屏幕上也无图像，但光栅正常，就称机器出现了无图无声故障。这种故障比较常见。

无图像故障：如果彩色电视机开机后，屏幕上无图像，但光栅及伴音均正常，就称机器出现了无图像故障。这种故障比较常见。

无伴音故障：如果彩色电视机开机后，图像正常，但无伴音，就称机器出现了无伴音故障。这种故障比较常见。

无彩色故障：如果彩色电视机开机后，屏幕上有正常的黑白图像，伴音也正常，就称机器出现了无彩色故障。这种故障比较常见，且检修难度也较大。

彩色幻影（或称彩色暗影）故障：如果彩色电视机开机后，屏幕上的图像很暗，且不清晰，看上去就像一团一团的彩色影子一样，没有背景亮度，就称机器出现了彩色幻影（或彩色暗影）故障。这种故障比较少见，但也时有发生。这种故障还有一个特点，就是将色饱和度调到最小时，图像也会消失，此时屏幕变为黑屏。出现彩色暗影时，伴音一般是正常的。

彩色失真故障：如果彩色电视机开机后，图像彩色不正常，就称机器出现了彩色失真故障。这种故障比较常见。

色斑故障：如果彩色电视机开机后，屏幕上分布着一块一块的色斑，即使在无图像时，色斑也存在，就称机器出现了色斑故障。这种故障比较常见。

枕形失真故障：如果彩色电视机开机后，图像沿四角方向拉长，就称机器出现了枕形失真故障。这种故障是大屏幕彩色电视机专有的。

跑台（漂台）故障：如果彩色电视机收到节目后，图声均正常，但一会儿后，图声质量慢慢变差，最后完全消失，就称机器出现了跑台（或漂台）故障。这种故障在早期遥控彩色电视机中比较常见，在新型数码彩色电视机中比较少见。

不能二次开机故障：按下彩色电视机面板上的电源开关，称为一次开机；一次开机后，再按遥控器上"开/关"键，称为二次开机。大多数彩色电视机一次开机后，机器就能进入正常工作状态；少数彩色电视机一次开机后，机器仅处于等待状态（又称待机状态），需经二次开机后，机器才能进入正常工作状态。若按下彩色电视机面板上的电源开关后，机器处于待机状态，再按遥控器上"开/关"键后，机器仍无法开启，就称彩色电视机出现了不能二次开机的故障。另外，多数彩色电视机的"节目增/减"键（或"频道增/减"键）可用于二次开机。

无字符故障：如果彩色电视机能正常工作，只是操作遥控器或本机键盘时，屏幕无相应的字符出现，就称机器出现了无字符故障。

2．故障现象与故障部位之间的对应关系

故障现象与故障部位之间有着明显的对应关系，如表 1-1 所示。

表 1-1　故障现象与故障部位之间的对应关系

故　障　现　象	故　障　部　位
三无现象（即无图、无声及无光）	电源或行扫描电路
无图、无声现象	中频通道、调谐器
无图像现象	解码电路、灯座板电路
水平亮线或场幅不足	场扫描电路
无伴音现象	伴音通道或扬声器
黑屏现象（伴音正常）	解码电路、灯座板电路或显像管
无彩色故障	色度通道
彩色幻影（或称彩色暗影）现象	亮度通道
彩色失真	色度通道、末级视放
屏幕上出现色斑现象（无图像时也存在）	消磁电路
整机失控，键控及遥控皆不起作用	遥控系统
不能二次开机	遥控系统
无字符	遥控系统

六、学生任务

将学生分组，每组 2 人，每组配备一台单片或超级芯片彩色电视机，按任务书 1 的要求完成任务。

子项目 2：集成电路的检测与拆装工艺

检修彩电时，集成电路的检测与拆装是一大难点，要想突破这一难点，首先必须掌握集成电路的检测与拆装工艺。

一、集成电路的检测

1．检测集成电路时应注意的事项

（1）测试时不要使引脚间造成短路

在进行电压测量或用示波器探头测试波形时，表笔或探头不要由于滑动而造成集成电

路引脚间短路，任何瞬间的短路都容易损坏集成块。最好在与引脚直接连通的外围印制电路上进行测量。

（2）不要在机器通电情况下进行焊接

不允许使用电烙铁在带电的电路上焊接，因为在焊接的过程中，稍有不慎就会造成相邻的焊点短路，这种短路有可能引起相应电路中的电流剧增，最终损坏集成块，扩大故障范围。

（3）不要轻易判定集成块损坏

在检修过程中，不要轻易判定集成块已损坏。因为集成块内部电路绝大多数为直接耦合方式，一旦某一电路不正常，可能会导致多处电压变化，而这些变化不一定是集成电路自身损坏引起的，也有可能是外部元器件不良引起的。另外，在有些情况下测得的各脚电压与正常值相符或接近时，也不一定说明集成块是好的，因为有些软故障不会引起引脚直流电压的变化。

（4）测试仪表内阻要大

测量集成块引脚直流电压时，应选用表头内阻大于 $20k\Omega/V$ 的万用表，否则对某些引脚电压会有较大的测量误差。

2．如何判断集成块的好坏

在检修彩色电视机的过程中，准确判断集成块的好坏非常重要。如果判断不准确，即使花了大力气换上一块新集成块，也不能排除故障。判断集成块好坏的方法如下所述。

（1）电压测量法

主要是测量各引脚对地的直流电压值，然后与标称值进行比较，进而判断集成块的好坏。用电压测量法来判断集成块的好坏是检修中最常用的方法之一，但要区别非故障性的电压误差。测量集成块各引脚的直流电压时，如遇到个别引脚的电压与原理图或维修资料中所标的电压值不符，不要急于判定集成块已损坏，应先排除以下几个因素后再确定。

① 所提供的标称电压是否可靠，因为常有一些说明书、电路图等资料上所标的数值与实际电压值有较大差别，有时甚至是错误的。此时，应多找一些相关资料进行对照，以判断真伪。

② 要弄清标称电压究竟是静态电压还是动态电压，是在何种条件下测得的电压（如使用何种型号的万用表、接收何种信号等）。因为集成块的个别引脚随着输入信号的有无及信号类型而会明显变化。

③ 要注意由于外围电路可变元器件引起的引脚电压变化。当测出的电压与标称电压不符时，可能是因为个别引脚或与该引脚相关的外围电路连接有可变电阻。当可变电阻所处的位置不同，引脚电压会有明显的不同。所以当出现某一引脚电压不符时，要考虑该引脚或与该引脚相关的可变电阻的位置变化，可调节一下可变电阻，看引脚电压能否调到标称值附近。

④ 要防止由于测量造成的误差。一般电路图上所标的直流电压都是以内阻参数大于 $20k\Omega/V$ 的仪表测得的。若用内阻参数小于 $20k\Omega/V$ 的万用表进行测量，将会使被测结果低于原来所标的电压。另外，还应注意不同电压挡上所测的电压会有差别，尤其用大量程挡时，读数偏差影响会更显著。

排除以上几个因素后，所测的个别引脚电压还是与标称值不符时，需要进一步分析原因，但不外乎两种可能：一是集成块本身损坏造成；二是集成块外围电路有故障造成。分辨出这两种故障原因，也是维修的关键。如果知道集成块各脚对地电阻的话，此时应进一步检查集成块的电阻；若不知道集成块各引脚电阻，则先检查外围电路。

（2）外围电路普查法

在发现集成块引脚电压异常后，可采用外围电路普查法来检测集成块外围元器件的好坏，进而判定集成块是否损坏。外围电路普查法属于电阻检测法，完全是在断电的情况下进行的，所以比较安全。具体操作方法如下所述。

用万用表 R×10 挡分别测量集成块外围的二极管和三极管的正反向电阻。此时由于使用小量程电阻挡，外电路对测量数据的影响较小，可很明显地看出二极管、三极管的正反向电阻值，进而可以判断二极管和三极管的正常与否。实践证明，这种测量法很容易判断二极管和三极管的 PN 结是否击穿或断路。检查完二极管和三极管后，再对电感是否开路进行普查，正常时电感两端的在路电阻很小（一般在 1Ω 以下，最大的也只有几欧姆）。如测出电感两端的阻值较大，那么可以断定电感开路。查完电感后，再根据外围电路元器件参数的不同，采用不同的欧姆挡测量电容和电阻，看电容和电阻当中有无明显的短路和开路性故障。

采用外围电路普查法时，要有的放矢，不要遍地开花。这里所说的"有的放矢"包含两层意思：

一是对于功能正常的电路单元，其外围电路不必检查。例如，一块集成块内部包含图像中频处理和伴音中频处理两部分，所产生的故障现象是有图像而无声音。很显然，在检查该集成块时，没有必要检查图像中频单元的外围电路，而只检查伴音中频单元的外围电路，这样就缩小了检查范围。

二是对于那些电压正常的引脚，其外围电路不做重点检查，甚至可以不检查，而将重点放在电压不正常的那些引脚的外围电路上。这样，又缩小了检查范围。由此可知，"有的放矢"可提高检修效率。

总之，一定要等到确认外围电路无故障后，再更换集成块。

（3）在路电阻对比测量法

此方法是利用万用表测量集成块各引脚对地电阻值，再与正常值进行比较来判断集成块的好坏。这一方法需要积累同一机型、同一型号集成块的正常可靠数据，以便和待查数据相对比。要积累这些正常数据，只有靠平时多收集，可以从报刊、杂志中收集，也可以从维修实践中收集，特别是在维修实践中收集的资料更值得依赖。

（4）替换法

通过采用以上一些方法进行检查后，觉得集成块非常可疑，而又无法肯定其损坏时，就可采用替换法。但在代换前必须注意如下几点：

① 应选用同型号的集成块或选用可以直接代换的其他型号集成块。

② 在选择功率集成块的代换型号时，还应注意安装尺寸。例如场输出集成块 LA7830 与 μPC1378 之间虽能直接代换，但与散热片之间的安装尺寸不同，若用 LA7830 代换 μPC1378，需在散热片上重新钻孔。

③ 最好先装一个集成电路插座，这样拆装方便。

④ 代换上的集成电路首先应保证是好的，否则判断故障会更费周折。

二、集成电路的拆装

1. 集成电路的拆卸

集成电路由于引脚多，排列紧凑，拆装不小心常会使引脚断裂。此外，若烙铁焊接的时间太长也会使集成电路损坏或性能变差。一般来说，拆卸集成块通常采用如下几种方法。

（1）空气负压吸锡法

利用吸锡器拆卸集成块。依靠电烙铁把焊锡熔化后，利用吸锡器产生的负压把熔化的焊锡从每个引脚上吸走，如图1-12所示。

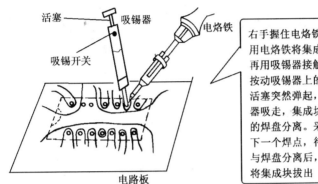

右手握住电烙铁，左手握住吸锡器。用电烙铁将集成块某脚的焊锡熔化，再用吸锡器接触熔化的焊锡，同时按动吸锡器上的吸锡开关，此时，活塞突然弹起，熔化的焊锡被吸锡器吸走，集成块的引脚与电路板上的焊盘分离。采用相同的方法处理下一个焊点，待集成块所有引脚均与焊盘分离后，就可用手或用镊子将集成块拔出

图1-12　利用吸锡器拆卸集成块

（2）空心针头剥离法

找一支9~10号医用空心针头（原则上是针头内径刚好能套住集成块的引脚，外径能插入引脚孔），将针头尖端斜口锉平。使用时采用尖头烙铁把集成块引脚焊锡熔化，然后把针头套住引脚，插入印制板孔内，随后边移开烙铁边旋转针头，使熔锡凝固，最后拔出针头，这样，该引脚就和印制板完全脱离了，如图1-13所示。

用烙铁把集成块引脚焊锡熔化，然后把针头套住引脚，插入电路板孔内，随后边移开烙铁边旋转针头，待焊锡凝固后，拔出针头。这样，该引脚就和电路板上的焊盘完全分离。照此方法处理下一个引脚，待集成块所有引脚皆与焊盘分离后，就可将集成块从电路板上拔出

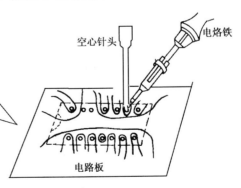

图1-13　空心针头剥离法

2. 集成电路的安装

在更换集成电路时，首先应对新集成电路进行刮脚、上锡。然后按正确的方向将集成

电路插入电路板。记住，要特别注意方向，千万不要搞错，否则，通电后集成电路很可能被损坏。集成电路一般封装成"块状"或"片状"，故又有集成块或集成片之称。集成块引脚排列规律如图 1-14 所示，其中图 1-14（a）为双列直插式集成块。以半圆形缺口为准，若将引脚朝下，则按逆时针方向数即可得出各引脚序号。另外 ，也可先找到半圆形缺口边上的圆点，此点便是 1 脚的标记，然后逆时针数便可找到其他引脚。图 1-14（b）为单列直插式集成块，将集成块标有型号的一面对着自己，便可看到左端靠近引脚处有一小圆点，这就是 1 脚的标记，然后依次向右数就可找到其他引脚。

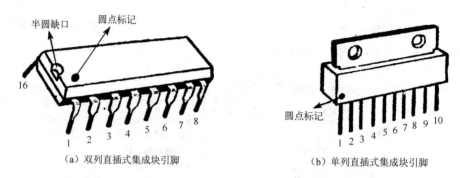

（a）双列直插式集成块引脚　　　　　　（b）单列直插式集成块引脚

图 1-14　集成块引脚排列规律

　　集成电路引脚较密，焊接难度较高。在焊接时，要心无杂念，确保焊接质量。焊接集成块时最好使用 25W 的电烙铁，每个焊点的焊接时间不要超过 3 秒钟。焊点的形状、大小都要符合要求，切忌虚焊、假焊、桥接等。焊接完毕后，不要急于通电，要仔细查看一遍，一定要等到确认无误后再接通电源。

三、学生任务

　　每个学生发放一块废旧彩电主板，训练拆装各类集成块，并完成任务书 2。

情境  开关电源

【**主要任务**】 本情境任务有二：一是让学生了解开关电源的结构及分析方法；二是掌握开关电源的检修技巧，能处理开关电源的常见故障。

项目教学表

项目名称：开关电源			课　时	
授课班级				
授课日期				

教学目的：
　　通过教、学、做合一的模式，使用任务驱动的方法，使学生了解彩色电视机开关电源的结构及分析方法，掌握开关电源的工作过程及检修要领，并能独立处理开关电源的常见故障。

教学重点：
　　讲解重点——开关电源的分析过程及检修方法；
　　操作重点——实机故障的排除。

教学难点：
　　理论难点——开关电源的分析；
　　操作难点——实机故障的排除。

教学方法：
　　总体方法——任务驱动法。
　　具体方法——实物展示、演示、讲授、讲练结合、手把手传授、归纳总结等。

教学手段： 多媒体手段、信息手段、实训手段等。

		内　容	课　时	方法与手段	授课地点
项目分解及课时分配	子项目1	开关电源的基本知识	6	实物展示、演示、讲授、师徒对话等方法；多媒体手段	多媒体教室
	子项目2	开关电源的分析	8（理论4；实训4）	讲练结合、师徒对话、演示、归纳总结等方法；多媒体手段	多媒体实训室
	子项目3	开关电源的检修	16（理论4；实训12）	讲授、师徒对话、演示、讲练结合、手把手传授、归纳总结等方法；多媒体及实训手段	多媒体实训室
教学总结与评价					

任务书 1——开关电源的分析

项目名称	开关电源的分析	所属模块	开关电源	课　时	
学员姓名		组　员		机　号	

教学地点：

1. 绘制开关电源

用计算机软件（如 Protel 99 等）绘制实验机的开关电源，并将开关电源打印出来，粘贴在以下位置

开关电源粘贴处

2. 查阅三极管及场效应管的参数

借助工具书或网络资源查阅开关电源中所有三极管及场效应管的参数，并将参数填入表 1 中。

表 1　三极管及场效应管的参数

序　号	功　能	型　号	主 要 参 数			
			U_{CBO}	I_{CM}	P_{CM}	f_T

注：工具书可选用电子工业出版社出版的《新编国内外三极管速查手册》；网络资源可选用 www.21ic.com 网站或其他网站。

3．指出开关电源所属类型，并简要分析振荡过程。

4．根据开关电源电路图清理底板上的电源线路，直到理清全部线路为止。

教学效果评价	学生评教	学生对该课的评语：
		总体感觉： 　　很满意□　　满意□　　一般□　　不满意□　　很差□
	教师评学	过程考核情况
		结果考核情况
		评价等级： 　　优□　　良□　　中□　　及格□　　不及格□

任务书 2——开关电源的检修

项目名称	开关电源的检修	所属模块	开关电源	课　时	
学员姓名		组　员		机　号	

教学地点：

　　1．在正常的实验机上测量开关电源中的三个关键点电压。

　　2．在正常的实验机上测量开关电源中各三极管、场效应管及集成块的各引脚电压。

　　3．在实机上接假负载，供教师检查。

　　4．教师设置故障供学生排除，填写故障 1 和故障 2 的维修报告，其余故障需做维修笔记。维修时，一定要注意接假负载。

表 1　故障 1 维修报告

故障现象	
故障分析	
检修过程	
检修结果	

表2 故障2维修报告

故障现象	
故障分析	
检修过程	
检修结果	

教学效果评价	学生评教	学生对该课的评语：
		总体感觉： 很满意□　　满意□　　一般□　　不满意□　　很差□
	教师评学	过程考核情况
		结果考核情况
		评价等级： 优□　　良□　　中□　　及格□　　不及格□

教 学 内 容

子项目 1：开关电源的基本知识

彩色电视机的电源电路普遍使用开关电源，这是因为开关电源比传统的串联型稳压电源具有更多的优势。目前，开关电源不但用于彩色电视机中，还在计算机、影碟机及其他电子设备中得到广泛的应用。

一、开关电源的特点及种类

不同品牌彩色电视机所使用的开关电源存在较大的差别，但各种开关电源的基本工作原理大同小异。这里先抛开开关电源的具体电路形式，而先对开关电源的特点、种类及工作原理加以介绍。

1．开关电源的特点

（1）效率高

开关电源的调整管工作在开关状态，饱和时，$U_{CE} \approx 0$，截止时 $I_C = 0$，因而调整管自身的功耗很小，电源效率较高，可达 80%以上。

（2）稳压范围宽

开关电源交流输入电压在 130～260V 范围内变化时，输出直流电压变化在 2%以下。且在输入交流电压变化时，始终能确保高效率输出。而串联型稳压电源在输入交流电压低于 170V 时，输出的直流电压就无法继续保持稳定，且当输入的交流电压偏高时，电路的效率会降低。

（3）重量轻

由于开关电源直接将 220V 交流电压进行整流，从而省去了笨重的电源变压器，使电源电路的重量大大减轻。另外，由于开关电源的工作频率高，故滤波电容容量大大减小，从而进一步使电源重量减轻，体积减小。

（4）易于实现多路直流输出

开关电源的调整管工作在开关状态，可以借助储能变压器（俗称开关变压器）不同匝数的次级绕组，来获得所需要的不同数值的输出电压。

（5）整机的稳定性与可靠性得到提高

由于调整管工作在开关状态，一般不会过分发热，而开关变压器发热也较轻。因此，整机的热稳定性与可靠性得到提高。

开关电源虽然具有以上一些特点，但由于其种类多，电路复杂，又工作在高电压、大电流状态，因而故障率很高，维修难度也较大。

2．开关电源种类

开关电源主要由开关调整管、开关变压器、激励脉冲形成电路、稳压控制电路等组成。开关电源的分类方法较多，常见的分类方法有以下几种。

（1）**按开关变压器与负载的连接方式来分**

按开关变压器与负载的连接方式可分为串联型和并联型两种。串联型开关电源基本框图如图 2-1（a）所示。其特点是：开关调整管、开关变压器、负载三者串联。并联型开关电源基本框图如图 2-1（b）所示，这种开关电源目前被广泛采用，其主要特点是：开关变压器、开关管与负载并联。

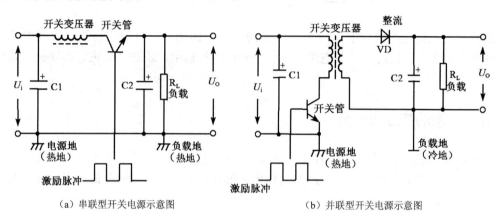

（a）串联型开关电源示意图　　　　　　　　（b）并联型开关电源示意图

图 2-1　开关电源基本框图

大家注意到了没有，串联型开关电源的电源地线与负载地线是连在一起的，故机心底板带电（即热底板）；而并联型开关电源的电源地线与负载地线被开关变压器分开，互不相通，故机心底板不带电（即冷底板）。由于冷底板安全性更好，故并联型开关电源应用更广泛。在开关电源中，常把带电的地线称为"热地"，把不带电的地线称为"冷地"。

（2）**按启动方式分**

按启动方式分，可分为自激式和他激式两种。自激式开关电源的开关管参与脉冲振荡。他激式开关电源的开关管不参与脉冲振荡，开关激励脉冲是由专门的振荡电路来产生的。

二、开关电源的基本工作过程

开关电源实际上是一种将 220V 交流电变化为直流电，再将直流电变化为高频交流电，最后将高频交流电变化为直流电的电路。开关电源虽有串联型和并联型之分，但由于串联型开关电源会使整个电视机底板带电（热底板），因而逐步退出了使用舞台，现在应用的主要是并联型开关电源，且属于脉冲宽度控制式。因此这里仅分析并联型开关电源的工作原理。并联型开关电源又可分为两种类型，即自激式和他激式，这两种形式应用都很广泛。

1．自激式并联型开关电源工作过程

图 2-2 是自激式并联型开关电源的结构框图，它的最大特点是开关管参与振荡。开关管与开关变压器的反馈绕组及正反馈电路构成一个脉冲振荡器，电路振荡后，开关管便工作在饱和-截止-饱和……状态，即开关状态。由于开关管自身参与振荡，从而得名自激式开关电源。

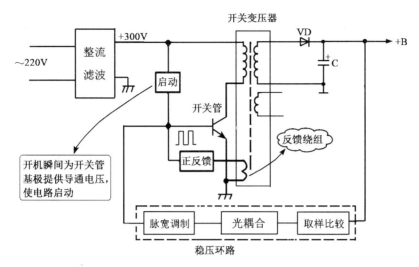

图 2-2　自激式并联型开关电源结构框图

（1）220V 交流电转化为直流电的过程是由整流、滤波电路完成的，220V 交流电压经整流、滤波后，得到约 +300V 的直流电压。

（2）直流电转化为高频交流电是由开关管、正反馈电路和开关变压器来完成的。开关管、正反馈电路和开关变压器的反馈绕组组成一个脉冲振荡器，振荡频率常在 15kHz 以上。也就是说，+300V 的直流电经开关管和开关变压器作用后，转化成了 15kHz 以上的高频交流电。

（3）高频交流电转化为直流电是由输出端的整流滤波电路（即 VD 和 C）完成的。由于高频交流电的频率较高，故滤波电容的容量不必选得很大，就能获得很好的滤波效果。开关变压器一般有多个次级绕组，能输出多路幅度不等的高频脉冲电压，这些脉冲电压经各自整流、滤波电路处理后，得到大小不同的直流电压。其中有一路电压是主要的，常称 +B 电压，用来给行输出电路供电。小屏幕彩电的 +B 电压为 110V 左右；大屏幕彩电的 +B 电压在 130～145V 之间。

为了使 +B 电压稳定，必须在 +B 电压与开关管之间加一个稳压环路。稳压环路由取样比较电路、光耦合器及脉宽调制电路组成。利用稳压环路来控制开关管的饱和时间，就能稳定 +B 电压。

2．他激式并联型开关电源工作过程

图 2-3 是他激式并联型开关电源的结构框图，其工作过程与自激式开关电源大同小异。这种电路的最大特点是开关管不再参与振荡，开关管基极所需的激励脉冲由其他电路来提供。因此，在电路中专门设置了一个脉冲振荡器，由脉冲振荡器产生振荡脉冲，经脉宽（脉冲宽度）调制后激励开关管工作，使开关管工作在开关状态。

无论是自激式还是他激式开关电源，其输出的 +B 电压可由下式进行计算。

$$+B = \frac{T_{on}}{T_H} \cdot N \cdot U_i$$

式中，T_{on} 为开关管饱和时间；T_H 为振荡脉冲的周期；N 为次、初级匝数比；U_i 为输入直流电压（即 +300V）。T_H、N 及 U_i 均为常数，故只要控制开关管的饱和时间 T_{on} 就能稳定输出电压。例如，当+B 电压升高时，通过取样比较、光耦合及脉宽调制电路的作用，使开关管的饱和时间缩短，便可使+B 电压下降；同理，当+B 电压下降时，通过取样比较、光耦合及脉宽调制电路的作用，使开关管的饱和时间增长，便可使+B 电压上升。可见，控制开关管的饱和时间，便可实现稳压控制。

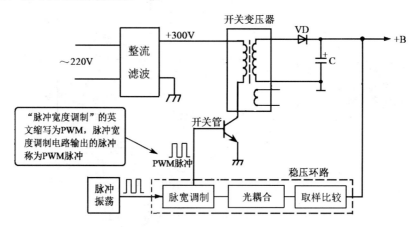

图 2-3　他激式并联型开关电源结构框图

在开关电源中，只要+B 电压稳定了，其他各路输出电压也就稳定了。因为当+B 电压升高时，说明开关变压器次级输出的脉冲幅度上升了，此时，其他各路输出电压也都会上升；当+B 电压下降时，说明开关变压器次级输出的脉冲幅度下降了，此时，其他各路输出电压也都会下降。也就是说，其他各路输出电压是跟随+B 电压变化的。因此，只要+B 电压稳定，其他各路电压也都会稳定。

三、开关电源的分析步骤

在检修开关电源时，要能对电路做出正确的分析，只有这样才能事半功倍。如果对电路不甚理解，则在检修过程中会走弯路，甚至还会大面积损坏元器件，造成不必要的经济损失。

分析开关电源一定要把握好正确的步骤，只有一步一步地按顺序进行分析，才能将开关电源分析透彻。分析开关电源应按如下五步进行。

（1）+300V 的形成；（2）开关振荡过程；（3）各路直流电压输出过程；（4）稳压过程；（5）保护过程。

1．+300V 的形成

所有开关电源的+300V 形成电路几乎都一样，都是由交流输入电路、整流电路、滤波电路组成的，其结构如图 2-4 所示。交流输入电路一般由电源开关、保险管、互感滤波器、限流电阻构成，这部分电路传输的是 220V 交流电压；整流电路由四个二极管构成，属于桥式整流方式，负责将交流电压转化为脉动直流电压；滤波电路一般采用电容滤波或 RC 滤波或 LC 滤波，负责将脉动直流电压转化为平滑直流电压，其大小为 300V 左右，俗称+300V 电压。这个+300V 电压就是开关管的供电电压。

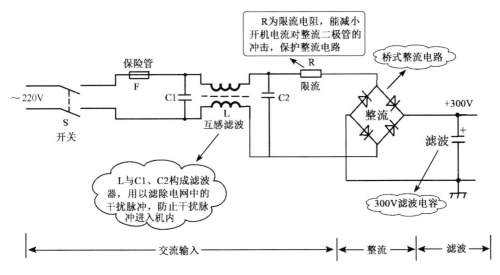

图 2-4   +300V 形成电路

2．开关振荡过程

在开关电源中，开关振荡形式有两种，一种是自激式，另一种是他激式。采用自激式时，开关管自身参与振荡，而采用他激式时，开关管不参与振荡。此时，电路中必须另设一专门的振荡电路来产生开关脉冲，以激励开关管工作。下面分别分析一下这两种振荡形式的振荡过程。

（1）自激式开关电源振荡过程

图 2-5 是自激式开关电源结构简图，开关管 VT1、反馈绕组 L2、正反馈元件 R3、C2 构成自激式振荡器。开机后，C1 上的+300V 电压一方面经开关变压器的初级绕组 L1 加到开关管 VT1 的集电极，另一方面经启动电阻 R1、R2 加到 VT1 的基极，从而使 VT1 导通。VT1 导通后，便在 L2、R3、C2 的作用下开始振荡，从而使 VT1 工作在开关状态（即饱和-截止相互转化的状态）。

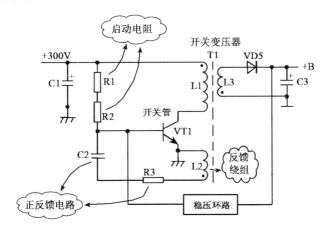

图 2-5   自激式开关电源结构简图

开关电源的振荡过程非常复杂，为了便于理解，这里不妨用瞬间极性法来做一个简单分析。在电子技术中，大家学过振荡的两个条件，如果一个电路能同时满足相位平衡条件和振幅平衡条件，那么这个电路就能产生自激振荡。假设某一瞬间 VT1 基极电压极性为正，则其集电极电压极性为负，即开关变压器 L1 绕组的下端为负，其上端也就为正，L2 绕组的下端也为正，这个正极性电压经 R3、C2 反馈至 VT1 的基极，与原电压极性相同，故为正反馈，满足相位平衡条件。只要合理安排 L2 的匝数及 R3、C2 的参数，就能满足振幅平衡条件，从而使电路产生自激振荡。在设计电路时，电路中的元器件参数已进行了合理的选择，故电路完全能产生自激振荡。

（2）他激式开关电源振荡过程

图 2-6 是他激式开关电源结构简图。在该电路中，开关管仅起开关作用，不参与振荡，振荡脉冲由专门的振荡器来产生。振荡器常与脉宽调制电路集成在同一集成块中，常称该集成块为电源控制器。显然，电源控制器的作用是输出开关脉冲（PWM 脉冲），激励开关管工作。他激式开关电源也需要启动电路，图中的 R1、C2 就构成启动电路。开机后，+300V 电压经 R1 对 C2 充电，当 C2 上的电压上升至一定程度时，电源控制器工作，振荡器开始输出振荡脉冲，振荡脉冲经脉宽调制电路后形成 PWM 脉冲送至 VT1。

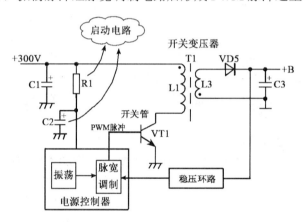

图 2-6 他激式开关电源结构简图

3. 各路直流电压输出过程

在开关电源中，各路直流电压的输出过程很简单，它就由半波整流电路和滤波电路来完成，电路形式如图 2-7 所示。当开关电源工作后，开关变压器初级上会不断产生开关脉冲，各次级绕组也会不断感应出脉冲电压，这些脉冲电压经整流、滤波后，转化为直流电压输出。开关电源除了输出一路+B 电压外，一般还会输出 1～3 路低压直流电压。

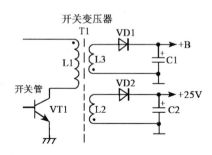

图 2-7 各路直流电压输出电路

4. 稳压过程

稳压过程是由稳压环路来完成的。稳压环路是由比较放大器、光耦合器及脉宽调制电路构成的,如图 2-8 所示。当+B 电压上升时,经 R3、RP1 及 R4 分压取样后,会使 VT2 基极电压上升,而 VT2 发射极电压又不变,结果使 VT2 导通加强,光耦合器中的发光二极管发光增强,光电三极管导通也增强,经脉宽调制电路后,会使开关管饱和时间缩短,+B 电压下降,从而实现稳压控制。当+B 电压下降时,则稳压过程与上述过程相反。

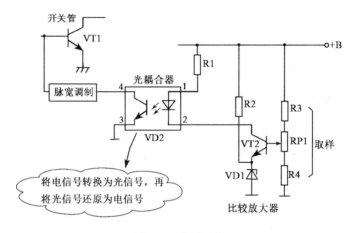

图 2-8　稳压环路

5. 保护过程

开关电源的保护过程往往很复杂,且不同的开关电源会设置不同的保护电路,电路形式也多种多样,故在此不做具体介绍,等分析具体电路时,再详细讲解。

子项目 2: 开关电源的分析

开关电源的电路结构非常丰富,可以完全由分立元器件构成,也可以由集成块加开关管构成,还可以由厚膜电路构成。这里仅分析两个具有代表性的开关电源。

一、A3/A6 开关电源

A3/A6 开关电源广泛用于康佳、长虹、海信、夏华等品牌彩电中,这里以海信 76810 机心为例,来分析其工作过程,参考图 2-9。

1. +300V 的形成

220V 交流市电经电源开关、保险管及互感滤波后,一路送至消磁线圈,以便每次开机时,能对显像管进行一次消磁;另一路送至桥式整流电路,经整流后,再由 L602 和 C607 进行滤波,在 C607 上获得+300V 的直流电压,该电压便是开关电源的直流供电电压。

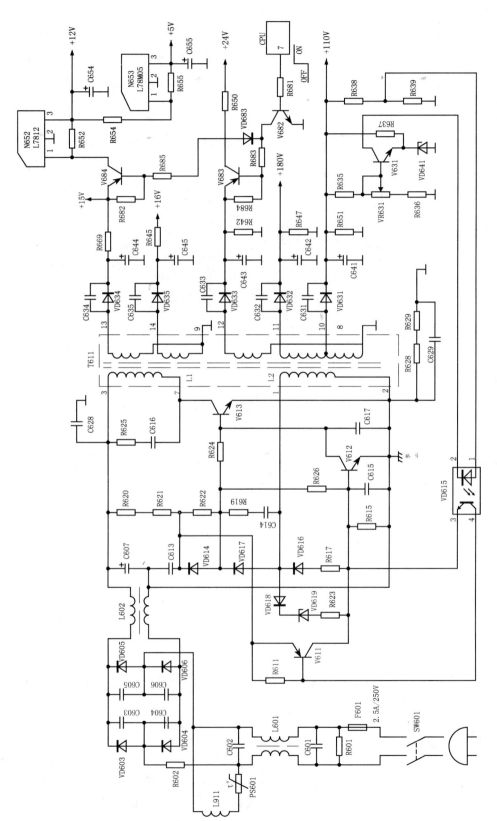

图 2-9　A3/A6 开关电源电路图

2．开关振荡过程

开关电源的振荡过程是在开关管、启动电阻及正反馈电路的共同作用下完成的。开机后，C607 上的+300V 电压一方面经开关变压器的初级加到开关管 V613 的集电极，另一方面经启动电阻 R620、R621、R622 及 R624 加到 V613 的基极，从而使 V613 导通。V613 一旦导通，便会在正反馈绕组 L2 和正反馈电路 C614、R619 的作用下产生振荡，使 V613 工作于饱和—截止—饱和⋯⋯相互转化的工作状态。

3．各路电压输出过程

开关电源工作后，开关变压器初级上会产生脉冲电压，各次级绕组上也会感应出大小不等的脉冲电压，这些脉冲电压经整流滤波后，变成整机所需的各种直流电压，直流电压产生的过程如下：

开关变压器 13 脚输出的脉冲经 VD634 整流、C644 滤波后，得到+15V 的直流电压。该电压一方面送到遥控系统，在遥控系统中，被稳定成+5V 电压，给 CPU 和存储器供电；另一方面，经电子开关 V684 送到 N652，被稳定成+12V 电压，送至视放末级及小信号处理电路，+12V 还要经 N653 稳定成+5V 电压，给小信号处理器供电。

开关变压器 14 脚输出的脉冲经 VD635 整流、C645 滤波后，得到+16V 电压。该电压经限流电阻 R645 后，送至伴音功放，作为伴音功放的供电电压。

开关变压器 12 脚输出的脉冲经 VD633 整流、C643 滤波后，得到+24V 电压。该电压经电子开关 V683 后，送至场输出电路及行推动电路，作为它们的供电电源。

开关变压器 11 脚输出的脉冲经 VD632 整流、C642 滤波后，得到 180V 电压，给末级视放供电。

开关变压器 10 脚输出的脉冲经 VD631 整流、C641 滤波后，得到+110V 电压，给行输出电路供电。

4．稳压过程

该电源是通过调节开关管 V613 的饱和时间来稳定输出电压的，而其振荡频率维持不变。当+110V 输出电压升高时，V631 的基极电压也升高，而其发射极电压却维持不变，故 V631 导通会增强，集电极电流增大，光耦合器 VD615 中的二极管发光增强，三极管导通也增强，V611 的基极电流增大，集电极电流也增大，从而使 V612 导通加强，对 V613 基极分流作用增大，V613 饱和基流减小，饱和时间缩短，从而使各路输出电压下降。若+110V 输出电压下降，则调整过程相反。

5．保护过程

电源中设有两条过压保护电路，一条由 R626、R615 及 C615 组成。当市电增高而引起正反馈增强时，R626 会将 V613 基极上的正反馈脉冲引到 V612 的基极，并使 V612 导通增强，从而对 V613 基极的分流作用也增强，因而可以限制 V613 的饱和基流，进而可以限制 V613 的饱和时间，使+B 电压不至于过分升高。

第二条保护电路由 VD618、VD619 及 R623 组成，当正反馈过强时，流过 VD618、VD619 及 R623 的电流也会增大，V612 导通程度也增强，对 V613 基极的分流作用也增强，从而可以限制 V613 的饱和时间，进而限制了+B 电压的升高。

由于以上两条保护电路的存在，当稳压环路出现异常时，+B 电压也不会升得过高，一般在 160V 左右。

6．待机控制过程

待机控制电压由 CPU 的 7 脚送来，正常工作时，CPU 的 7 脚输出高电平（5V），V682 导通，V683 及 V684 均饱和导通，+12V、+5V 及+24V 均能正常输出，小信号处理器及行场扫描电路工作正常。遥控关机后，整机进入待机状态。此时，CPU 的 7 脚输出低电平，V682 截止，V683 及 V684 也均截止，从而切断了+12V、+5V 及+24V 电压的输出，小信号处理器及行场扫描电路均停止工作，整机三无。

二、由 TDA16846 构成的开关电源

TDA16846 是一款电源控制器，它常与场效应开关管配合使用，能组成高性能的开关电源电路。这种电源具有结构简单、输出功率大、带负载能力强、稳压范围宽、安全性能好等特点，因而广泛用于康佳、TCL 等品牌的超级数码彩电中。这里以康佳"K/N"系列彩电为例，来分析这种电源的工作过程。在分析电路之前，先介绍一下 TDA16846。

1．TDA16846 介绍

（1）结构特点

TDA16846 是飞利浦公司推出的一款电源控制器，其内部结构如图 2-10 所示，它内部由大量的比较器、触发器、门电路组成，能完成脉冲振荡、稳压控制、脉冲驱动及各种保护等功能。

TDA16846 的工作频率即可固定，也可自由调整，并具有功率校正功能，在轻载状态下，功耗很低。它的启动电流低，启动电压小，能有效避免启动过程中对场效应开关管的冲击。它内部具有一系列保护功能，如电源过压/欠压保护、开关管过流保护等。同时，还设有两个用于故障检测的误差比较器，能利用内部比较器和外部光耦反馈电路来实现双重稳压控制。

（2）引脚功能说明

1 脚：此脚与地之间接有一并联 RC 网络，能决定振荡抑制时间（开关管截止时间）和待机频率。

2 脚：启动端，兼初级电流检测。2 脚与开关变压器初级绕组之间接电阻，与地之间接电容（或 RC 串联网络）。在 13 脚输出低电平期间，2 脚内部开关接通，2 脚外部电容放电至 1.5V；在 13 脚输出高电平期间，2 脚内部开关断开，2 脚外部电容被充电，2 脚电压上升。当 2 脚电压上升至控制值时，13 脚电压立即跳变为低电平，使开关管截止。

3 脚：此脚为误差放大器的输入端，同时还兼过零检测输入。当 3 脚脉冲幅度超过 5V 时，内部误差放大器会输出负脉冲，并使 4 脚电压下降，开关电源输出电压也自动下降。当 3 脚脉冲幅度低于 5V 时，内部误差放大器输出正脉冲，使 4 脚电压上升，开关电源输出电压也上升。3 脚脉冲还送至过零检测器 ED1，当 3 脚电压低于 25mV 时，说明有过零现象出现，过零检测器输出高电平，开关管重新导通，过零检测特性如图 2-11 所示。

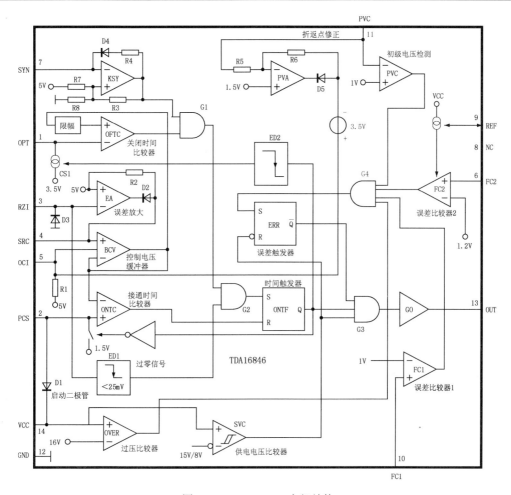

图 2-10   TDA16846 内部结构

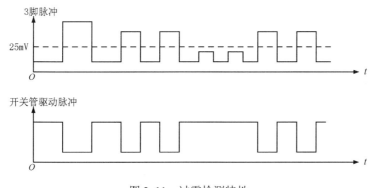

图 2-11   过零检测特性

4 脚：用于软启动，内接控制电压缓冲器（BCV），外接软启动电容。开机后的瞬间，内部 5V 电源经 R2 对 4 脚外部电容充电，4 脚电压缓慢升高，BCV 的输出电压也缓慢升高。BCV 输出电压提供给接通时间比较器（ONTC），控制开关脉冲的宽度，使场效应开关管的饱和时间逐渐增加至稳定值，从而使各路输出电压也缓慢上升至稳定值，实现软启动。软启动不但有利于保护电源电路中的元器件，也有利于保护负载。

5 脚：光耦合输入端，通过对输出电压进行取样，将输出电压的变化信息送入 5 脚，可以完成稳压控制。由于 3 脚已经具备稳压功能，若再使用 5 脚，则电路的稳压特性会更好。

6 脚和 10 脚：误差比较器的输入端，常用于故障检测。当 6 脚电压大于 1.2V 时，内部误差比较器 2 会输出高电平，13 脚会停止脉冲输出。当 10 脚电压大于 1V 时，内部误差比较器 1 会输出高电平，13 脚会停止脉冲输出。

7 脚：若在 7 脚与地之间接一并联 RC 网络，则电路工作于固定频率模式，7 脚外部 RC 时间常数决定频率的高低。若从 7 脚输入同步脉冲，则电路工作于同步模式。若 7 脚接参考电压（即接 9 脚），则电路工作于频率自动调整模式。

9 脚：该脚输出 5V 参考电压，若在该脚与地之间接一电阻（51k），则 6 脚内部误差比较器 2 能有效工作。

11 脚：此脚用于初级电压检测，以实现过压和欠压保护。当 11 脚电压小于 1V 时，内部 PVC 电路输出高电平，进而使开关管截止，实现欠压保护。若 11 脚电压高于 1.5V，内部 PVA 电路输出低电平，进而使开关管饱和时间缩短，各路输出电压下降，从而达到过压保护的目的。

12 脚：接地端（热地）。

13 脚：该脚输出驱动脉冲，该脚经过一个串联电阻与电源开关管相连。

14 脚：该脚用于启动供电。启动后，将由开关变压器的一个绕组向 14 脚提供电压。14 脚所需的启动电流很小，仅 100μA。当 14 脚电压达到 15V 时，内部电路启动。启动后，只要 14 脚不低于 8V，则电路均能正常工作。若 14 脚电压低于 8V，则内部 SVC 电路（供电电压比较器）输出低电平，进而使 13 脚输出低电平，开关管截止，电路进入保护状态。若 14 脚电压高于 16V，内部 OVER 电路（过压比较器）输出高电平，进而使 13 脚输出低电平，开关管截止，电路进入保护状态。14 脚启动特性如图 2-12 所示。

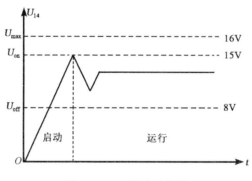

图 2-12　14 脚启动特性

2．电源电路分析

（1）+300V 的形成

参考图 2-13，220V 交流市电经电源开关及互感滤波器 L901 后，一方面送至消磁电路，使得每次开机后的瞬间，对显像管进行一次消磁操作；另一方面经互感滤波器 L902 送至桥式整流器 VC901，经 VC901 整流后，再由 R901、C909 进行 RC 滤波，在 C909 上形成 300V 左右的直流电压。

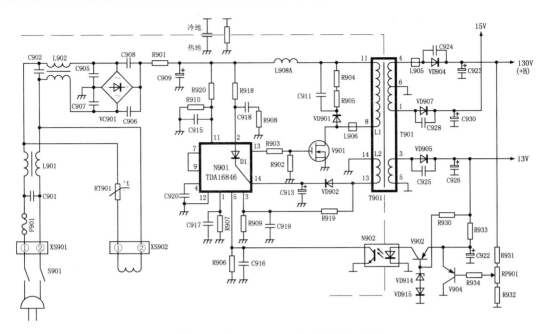

图 2-13　由 TDA16846 构成的开关电源

（2）开关振荡过程

C909 上的 300V 电压经 R918 送至 2 脚，再经 2 脚内部二极管 D1 对 14 脚外部的 C913 充电，C913 上的电压开始上升，约 1.5 秒钟后，C913 上的电压上升至 15V，内部电路启动，并产生开关脉冲从 13 脚输出，送至场效应开关管 V901，使 V901 开始工作。

4 脚上接有软启动电容，电路启动后，由于 4 脚外部电容（C920）的充电效应，使得 13 脚输出脉冲的宽度逐渐展宽，最后稳定在设计值，各路输出电压也是逐步上升至稳定值的。这样就会大大减小开机瞬间浪涌电流对开关管及负载的冲击，提高了电源的可靠性。

电路启动后，14 脚所需的电流会大大增加（远大于启动电流），2 脚电压会下降至 1.5～5V 之间，无法继续满足 14 脚的供电要求。此时，由开关变压器 L2 绕组上的脉冲电压经 VD902 整流、C913 滤波后，得到 12V 左右的直流电压来给 14 脚供电，以继续满足 14 脚的需要。

1 脚外部 RC 电路决定开关管的截止时间，在开关管饱和期内，内部电路对 C917 充电，C917 被充电至 3.5V。在开关管截止期间，C917 经 R907 放电，在 C917 放电至阈值电压之前（阈值电压的最小值为 2V），开关管总保持截止。

（3）各路电压输出过程

V901 工作后，开关变压器初级绕组上会不断产生脉冲电压，从而使各次级绕组上也不断产生脉冲电压。其中，4～6 绕组上的脉冲电压经 VD904 整流、C923 滤波后，得到 130V 的直流电压（即+B 电压）；1～6 绕组上的脉冲电压经 VD907 整流、C930 滤波后，得到 15V 的直流电压；3～5 绕组上的脉冲电压经 VD905 整流、C926 滤波后，得到 13V 的直流电压。各路直流电压分别给各自的负载供电。

（4）稳压过程

TDA16846 外部设有两条稳压电路，第一稳压电路设在 3 脚外部，第二稳压电路设在 5 脚外部。第一稳压电路的工作过程如下：

当某种原因引起输出电压上升时，开关变压器 L2 绕组上的脉冲幅度也上升，经 R919 和 R909 分压后，使 3 脚脉冲幅度高于 5V，经内部电路处理后，使 4 脚电压下降，进而使 13 脚输出脉冲的宽度变窄，V901 饱和时间缩短，各路输出电压下降。若某种原因引起各路输出电压下降时，3 脚的脉冲幅度会小于 5V，此时，13 脚输出的脉冲宽度会变宽，V901 饱和时间增长，各路输出电压上升。通过调节 R919 和 R909 的比值，就可调节输出电压的高低。3 脚还兼过零检测输入，当 3 脚脉冲由高电平跳变为低电平（低于 25mV）时，说明有过零现象出现，13 脚输出脉冲就从低电平跳变为高电平，使开关管重新导通。

第二稳压电路的工作过程如下：

当某种原因引起 130V 输出电压上升时，V904 基极电压也上升，从而使 V902 的发射极电压升高，而 V902 基极电压又要维持不变，结果使 V902 导通增强，N902 内发光二极管的发光强度增大，光电三极管的导通程度也增强，5 脚电压下降，经内部电路处理后，自动调整 13 脚输出脉冲的宽度，使脉冲宽度变窄，V901 饱和时间缩短，各路输出电压下降。若某种原因引起 130V 电压下降，则稳压过程与上述相反。调节 RP901 就可调节 130V 输出电压的高低。

值得一提的是，这两条稳压电路不是同时起作用的，内部电路总是接通稳压值较低的那一条稳压电路，由它完成稳压控制，而稳压值较高的那一条稳压电路被阻断。例如，3 脚外围的稳压电路能将+B 电压稳定在 140V，而 5 脚外围的稳压电路能将+B 电压稳定在 130V。此时，内部电路就使用 5 脚外部的稳压电路，由它完成稳压控制，并将输出电压稳定在 130V 上。使用两条稳压电路能有效提高电源的保险度，当某一条稳压电路开路时，另一条稳压电路会接着起稳压作用，从而使输出电压不会大幅度上升。

（5）保护过程

11 脚用于初级过压和欠压保护，C909 上的 300V 电压经 R920 和 R910 分压后，加至 11 脚。当电网电压过低时，C909 上的 300V 电压也过低，从而使 11 脚电压小于 1V。此时，内部电路将停止 13 脚的输出，V901 处于截止状态，实现欠压保护。若电网电压升高，则 C909 上的 300V 电压也升高，并使 11 脚电压高于 1.5V，经内部电路处理后，会使 13 脚输出脉冲宽度变窄，进而使 V901 饱和时间缩短，输出电压下降，实现过压保护。

14 脚具有次级过压、过流保护功能。当某种原因引起各次级绕组脉冲幅度过高时，14 脚电压必大于 16V，经内部电路处理后，停止 13 脚的脉冲输出，V901 截止，从而实现次级过压保护。当负载出现短路时，14 脚电压会小于 8V，经内部电路处理后，停止 13 脚的脉冲输出，V901 截止，从而实现了次级过流保护。

6 脚和 10 脚是两个保护端口，可用于故障检测，但本机未用这两个脚。

另外，2 脚外部 RC 网络时间常数变小时，会使 C918 充电加快，V901 的饱和时间缩短，各路输出电压下降，严重时，还会使 14 脚电压小于 8V，并导致保护。

三、学生任务

① 给学生每人配置 1 台实验用彩色电视机（简称实验机），分析实验机的电源电路，并填写任务书 1。

② 将实验机的电路图与底板进行结合，清理底板线路，并完成任务书 1。

子项目 3：开关电源的检修

彩电的开关电源是故障多发部位，据不完全统计，彩电的故障将近 40% 左右是由这部分电路引起的，因此掌握开关电源的检修技巧是非常重要的。

一、开关电源检修要点

1．检修开关电源应注意的两大问题

检修开关电源时，应注意两大问题：一是要注意放电；二是不能随意断开行输出电路。

（1）要注意放电

220V 交流电压经整流、滤波后，获得+300V 左右的直流电压，这个+300V 直流电压是一个十分危险的电压，如果电视机开关电源出现停振时，这个+300V 的直流电压因失去放电路径而长时间保存在+300V 滤波电容上。这样，即使拔掉电源插头，这个+300V 直流电压也不会在短时间内消失。在检修过程中，若不小心触及到这个电压，会给人浑身一击，甚至危及生命。在关机测量电阻的过程中，若不小心将这个电压通过万用表引到其他耐压不高的元器件上时，就有损坏其他元器件和万用表的可能。因此，在检修开关电源停振故障时，一定要注意放电。

正确的放电方法是：关闭电视机电源后，用尖嘴钳夹一只 10～20kΩ/3W 的电阻，让电阻两脚并联在+300V 滤波电容上，如图 2-14 所示。数秒后，就可放电完毕。也可用灯泡代替电阻进行放电，但千万不要用表笔直接短接+300V 滤波电容的两端来放电，这样做虽能达到放电的目的，但在表笔触及到+300V 滤波电容两端时，会产生强烈的火花和"啪"的放电声，很容易烧坏电路板上的铜箔条。更不能在通电的情况下进行放电，这样会烧掉放电电阻。

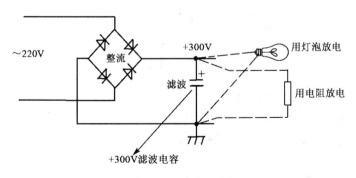

图 2-14　放电方法

（2）不要随意断开行输出电路

开关电源的主负载是行输出电路（常称为行负载），在检修时，不能随意断开行输出电路，这是因为行输出电路是开关变压器的主要释能对象，一旦断开行输出电路，开关变压器就无法通过行输出电路释放能量，只好通过其他绕组的负载来释放能量，而这些负载所需的

能量往往较小，这样就会导致输出电压上升，并损坏其他负载。这种现象就犹如一条河流的主干道被堵，只能通过支流泄流一样，其结果势必导致河水上涨，并泛滥成灾。在检修过程中，有时又非要通过断开行负载来判断故障范围，此时，必须采取补救措施。正确的补救措施是：断开行负载后，用一只 60～100W 的照明灯泡作为假负载接在+B 电源上，如图 2-15 所示，这样就安全了。

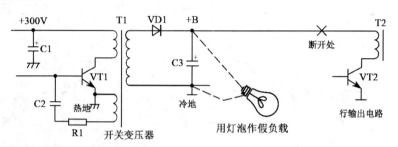

图 2-15　以假负载替代行负载

2. 开关电源的关键检测点

开关电源有三个关键检测点和一个目击检测点，如图 2-16 所示，三个关键检测点是+300V 电压滤波端、开关管基极及+B 电压输出端；一个目击检测点是保险管。

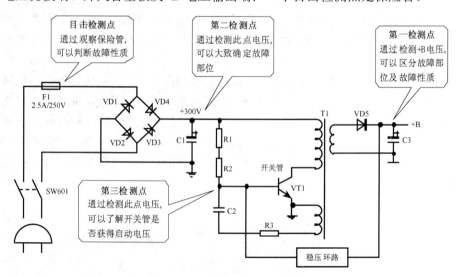

图 2-16　开关电源关键检测点

（1）目击检测点——保险管

在检修开关电源故障时，首先得观察保险管，若保险管烧断发黑，说明开关电源中有严重的短路现象，此时应立即想到整流二极管、开关管、+300V 滤波电容有无击穿现象。若保险管未烧，说明电路中没有短路现象。这样，通过目击保险管就能大致了解故障性质。

（2）+B 电压输出端

在检修三无故障时，通过测量+B 电压可以判断故障是在行电路还是在电源电路。

当+B 电压正常，而机器三无时，可以判断故障在行电路。

当+B 电压为 0V 时，故障有可能在行电路，也有可能在开关电源电路。此时应断开行负载，用一假负载接在+B 电压输出端。若+B 电压仍为 0V，说明故障在开关电源电路；若+B 电压恢复正常，说明故障在行电路，且一般是行管击穿引起的。

若+B 电压在带上行负载时，严重下降，而断开行负载接上假负载时，又正常，说明行负载过重，一般是因行输出变压器匝间短路引起的。

可见，通过检测+B 电压，不但能区分故障部位，有时还能区分故障性质，在检修开关电源时，+B 电压是第一检测点。

（3）+300V 滤波端

在检修开关电源故障时，该端子是第二检测点，通过检测该端子电压，可以大致确定故障部位。若该端子电压为 0V，说明故障发生在 220V 交流输入电路或桥式整流电路；若+300V 正常，说明开关管的振荡条件未满足。

值得一提的是，测量+300V 电压时，不能对冷地测量，而应对热地测量，即红表笔接+300V 滤波端，黑表笔接热地；或将表笔直接接+300V 滤波电容的两端。

（4）开关管基极电压

在检修开关电源故障时，开关管基极电压是第三检测点，通过检测该点电压，可以了解开关管是否获得启动电压，进而判断故障是在启动电路还是在正反馈电路。

二、开关电源常见故障的处理方法

开关电源的故障现象均为三无（无图、无声、无光），为了安全起见，检修开关电源故障时，应断开行负载，接上假负载（小屏幕彩电接 60W 灯泡，大屏幕彩电接 100W 灯泡）。开关电源的故障类型大约有如下几种。

1．开机烧保险

出现这种故障时，应在关机状态下检修。检修的重点放在 220V 整流二检管、+300V 滤波电容、开关管及与开关管并联的电容上。

一般而言，烧保险都是因上述几种元器件击穿引起的。开关变压器次级回路的任何元器件损坏，都不会引起烧保险现象，因而不必怀疑开关变压器次级回路中的元器件。

当整流二极管击穿时，应选用同型号管子更换，无同型号管子时，可选用反向耐压在 400V 以上、整流电流在 3A 以上的管子来代换，如 TERC05-10B、RM11C、GP15M、DR07、1N5601 等。如 220V 整流电路是由桥堆担任，则损坏后，可选项用 RBV606FA、RL255、D3SB60、D5SB60 等型号的桥堆来代换。

当+300V 滤波电容击穿时，小屏幕彩电可选用 100～220μF/400V 的电解电容来替换，大屏幕彩电可用 270～330μF/400V 的电解电容来替换。

当开关管击穿后，一般要求选用相同型号的管子来替换，在无相同型号管子时，小屏幕彩电可选用 D1710、C4429、D1403、C5287、BU508A 等型号的管子替换；大屏幕彩电可选用 C4706、D4111、BU2508AF 等型号的管子替换；若开关管为场效应管时，则可选用 BUZ91A、2SK2828、2SK1794 等型号的管子来替换。

2．保险管未烧，接上假负载后，+B 电压为 0V

这是开关电源未启振的缘故。开关电源启振的条件有三个，如图 2-17 所示。这三个条件是：开关管要良好、开关管的基极要有启动电压、正反馈电路要正常。

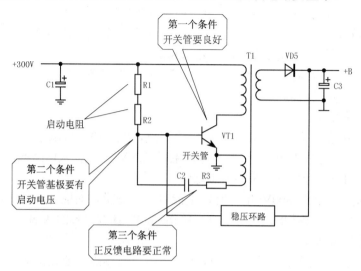

图 2-17　开关电源启振的三个条件

接通电源后，+300V 电压经启动电阻送至开关管的基极，使开关管获得启动电压，开关管进入导通状态。接着在正反馈电路的作用下，开始振荡，产生振荡脉冲。进而使开关变压器的次级也输出脉冲电压，这些脉冲电压经整流、滤波后获得直流电压，给负载供电。

当开关电源不启振时，应重点检查启振的三个条件。可先对开关管的基极电压进行检测，若开关管基极电压远高于 0.7V，说明开关管的 BE 之间断路（或虚焊）；若基极电压为 0V，说明开关管未获得启动电压，故障是因启动电阻断路或接在开关管基极与地之间的元器件（包括正反馈电容）击穿所致；若基极电压约为 0.7V，说明启动电压正常，故障在正反馈电路。

3．保险管未烧，接上假负载后，+B 电压上升或下降

接上假负载后，无论+B 电压上升还是下降都说明稳压环路有故障。若+B 电压上升或下降不多时，可以先调节一下电源中的可变电阻，看能否将+B 电压调正常，若不能调正常，应对稳压环路进行检查。

一般来说，当+B 电压上升时，说明稳压环路有开路性故障，应重点检查取样比较管是否断路、基准稳压管是否断路、光耦合器是否断路、脉宽调制管是否断路等。当+B 电压下降时，说明稳压环路中有短路性故障，应着重检查取样比较管有无漏电、击穿现象，基准稳压管有无漏电或击穿现象，光耦合器及脉宽调制管有无漏电现象等。

三、开关电源检修举例

1．A3/A6 开关电源故障检修

检修时，将所有负载都断开，在+B（110V）输出端与地之间接一假负载（60W 或 100W 照明灯泡），然后，根据下列情况分类处理。

（1）接上假负载后，灯泡不亮，各路输出电压均为 0V，也无任何异常响声

这种情况，说明电源不启振，可按图 2-18 所示的流程进行检修。

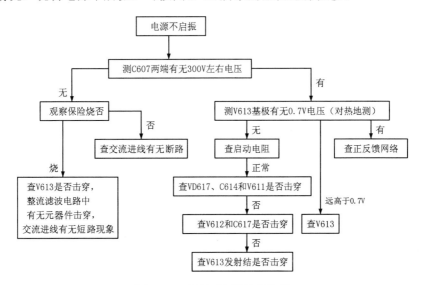

图 2-18　电源不启振检修流程

（2）接假负载后，电源能工作，但+B 电压只有几十伏

这种情况，说明稳压电路有故障。此时，可断开 VD615 的 3 脚，看+B 电压能否升高，若+B 电压能升高，说明脉宽调制电路是正常的，故障出在取样比较放大器，或 VD615 本身。若断开 VD615 的 3 脚后，+B 电压未能升高，则应检查脉宽调制电路，即 V611、V612 及其周边元器件。当然 VD616 漏电，也会出现这种情况。另外，当 C615 开路时，+B 电压会下降至 10～30V。

（3）接上假负载后，电源能工作，但+B 电压升高许多

这种故障也是稳压系统不良引起的，检修时，可将 VD615 的 3 脚和 4 脚短路，看+B 电压能否降得很低，若+B 电压确实降得非常低，说明脉宽调制电路正常，故障一般出在 VD615、V631 及其周边电路上。若短路 VD615 的 3 脚和 4 脚后，+B 电压不变，说明故障出在脉宽调制电路上，应查 V611、V612 及周边元器件。事实上，当+B 电压严重升高时，很可能损坏负载，一般会击穿行管和行输出变压器。因此，排除电源故障后，还必须查一下行负载。

（4）经常损坏开关管 V613

损坏开关管的原因有如下几个方面：

一是 300V 滤波电容 C607 容量减小，导致纹波过大，使电源工作环境变差，开关调整管截止期间，初级绕组所产生的反峰脉冲增高，击穿开关管。

二是并联在初级绕组上的反峰吸收网络失效（R625 或 C616 开路），导致开关调整管截止后，初级绕组所产生的反峰脉冲得不到吸收，长时间加在 V613 的 CE 之间，击穿 V613。

三是 V612、C615、C617、V611 等元器件性能变差，导致电源发生轻微的"吱吱"叫声，使开关管功耗加大，发热严重，乃至损坏。更换 V612（2SC3807）时，应特别注意其β值，一般应选用 $\beta \geq 400$ 的管子，如 2SC3807、2SC2060 等。

电源电路各三极管的检修数据见表 2-1。

表 2-1　三极管各级电压值

三极管	V611			V612			V613					
引脚	B	C	E	B	C	E	B	C	E			
电压（V）	25.4	0.6	26	0.6	−0.6	0	−0.6	300	0			
三极管	V631			V682			V683			V684		
引脚	B	C	E	B	C	E	B	C	E	B	C	E
电压（V）	6.8	30	6.2	0.7	0	0	25.3	25	26	17	16	17.7

说明：V611、V612 及 V613 的电压是以"热地"为参考点测得的，其他各管的电压，是以"冷地"为参考点测得的。

2．由 TDA16846 构成的开关电源的检修

检修前，先接假负载。

（1）开机三无，保险未烧，C909 两端无 300V 电压

这种故障发生在 300V 滤波以前的电路中，一般是因交流输入电路中有断路现象或限流电阻 R901 断路所致。

（2）开机三无，C909 两端有 300V 电压，但各路输出为 0V

这种故障一般是因电源未启动或负载短路引起的，应先测 14 脚电压，再按如下情况进行处理。

若 14 脚电压为 0V，应查 2 脚外部启动电阻 R918 是否断路，14 脚外部滤波电容 C913 是否击穿，14 脚外部整流二极管 VD902 是否击穿，N901 内部 D1 是否断路等。

若 14 脚电压低于 15V，说明启动电压太低，导致电路不能启动。应查 R918 阻值是否增大太多，C913 是否漏电，C918 是否击穿，VD902 是否反向漏电等。

若 14 脚电压在 15V 以上，说明启动电压已满足启振要求，2 脚和 14 脚外部电路应无问题。此时，应重点查 4 脚外部软启动电容 C920 是否击穿，因为当 4 脚外部软启动电容击穿后，开关管会总处于截止状态。若 4 脚外部电容正常，应查 N901 本身。

若 14 脚电压在 8～15V 之间摆动（摆动一次约 1.5s 左右），说明电路已启振，故障一般发生在+B 电压形成电路或负载上。应对+B 电压整流滤波电路进行检查（即查 VD904、C924、C923 等元件），若无问题，则查行输出电路。值得一提的是，当 C923 容量减小较多时，容易出现击穿 VD904 的现象。

（3）开机三无，保险烧断

这种故障现象在实际检修中屡见不鲜，且检修难度较大。由于故障体现为烧保险，说明电路中有严重短路现象。应对交流输入电路中的高频滤波电容、桥式整流电路，以及与之并联的电容、300V 滤波电容 C909、开关管 V901 等元器件进行检查，看这些元器件中有无击穿现象。

当碰到反复击穿开关管 V901 时，应重点对 R918、C918、R908 及 C920 等元件进行检查。R918 虽为启动电阻，但它还有另一个重要作用，那就是当电路启动后，它与 C918、R908 所构成的电路将决定开关管的饱和时间。当 R918 或 R908 阻值变大或 C918 漏电时，C918 上电压上升速度会变慢，即 2 脚电压上升速度变慢，开关管饱和时间会延长。因开关管饱和时，其集电极电流线性上升，这样，当开关管饱和时间延长后，流过开关管的电流会过大，从而导致开关管烧坏。

C920 为软启动电容，当它失效后，就会失去软启动功能，开机后，开关管 V901 的饱和时间会立即达到设计值，从而导致开机的瞬间，开关管所受的冲击增大，开关管被击穿的可能性也增大。

当碰到击穿开关管的故障时，不要急于更换开关管。应先将开关管拆下，再通电测 14 脚电压。若 14 脚电压在 8～15V 之间摆动，且摆动一次约为 1.5s 左右，说明 TDA16846 工作基本正常；若摆动一次所需时间过长，则说明 2 脚外部电路有问题，等排除 2 脚外部元器件故障后，再装上新的开关管。

（4）输出电压过低

输出电压过低，说明开关管饱和时间缩短，引起的原因有如下几种。

① 2 脚外部电容容量下降，导致充电变快，使开关管饱和时间缩短，输出电压下降。

② 1 脚外部 RC 网络决定开关管的截止时间，当其外部电阻 R907 变大时，RC 时间常数会增大，C917 放电时间会变长，从而使开关管截止时间变长，输出电压下降。

③ 11 脚下偏电阻 R910 阻值变大时，会使 11 脚电压高于 1.5V，经内部电路作用后，开关管饱和时间会缩短，输出电压会下降。

（5）输出电压过高

输出电压过高，说明开关管饱和时间增长，引起的原因是稳压电路不良。本电源是靠第二稳压电路来稳定 +B（+130V）电压的。当第二稳压电路失效后，第一稳压电路会接着起稳压作用。因第一稳压电路稳压设置值高于第二稳压电路，从而会使输出电压升高。因此，当碰到输出电压升高故障时，只需检查第二稳压电路（N902、V902、V904 及其周边元器件）即可。

值得一提的是：在第二稳压电路失效后，若第一稳压电路也失效，则 3 脚会检测不到过零点，从而使开关管饱和时间延长，输出电压大幅度上升，结果，既损坏开关管，也损坏负载。

（6）值得注意的几点

① 若发现开关管 V901 击穿时，不妨也检查一下 VD904、C923 等元器件。在检修中，经常碰到这些元器件连带击穿的现象。

② 11 脚静态电压往往设置在 1.5V 以下，但当电路工作后，11 脚电压会受内部电路的影响，从而使静态电压上叠加有脉冲电压，故用万用表测量 11 脚电压时，测得的电压值会高于 1.5V，检修时，切莫以此作为判断电路是否产生过压保护的依据。

③ 检修该电源时，不必带假负载，以免引起误判。

④ 开关管为场效应管，不能用三极管替代。当开关管损坏后，可选用 2SK1794、2SK727、BUZ91A、2SK2645、2SK2488 等型号的管子代换。

（7）TDA16846 检修数据

TDA16846 检修数据见表 2-2，可供检修时参考。表中数据是对热地测得的。

表 2-2　TDA16846 检修数据

引脚	符　号	功　　　能	电压（V）		电阻（kΩ）	
			待机	开机	红笔接地	黑笔接地
1	OPT	断路时间（截止时间）控制	2.6	2.7	21	8.5
2	PCS	初级绕组电流检测	1.5	1.6	∞	9

续表

引脚	符　号	功　　能	电压（V）		电阻（kΩ）	
			待机	开机	红笔接地	黑笔接地
3	RZI	稳压与过零输入	0.7	1.7	3.9	3.9
4	SRC	软启动控制	5.3	4.2	19	9
5	OCI	光耦合器输入	1.6	2.7	28.5	8.5
6	FC2	误差比较器 2 输入	0	0	0	0
7	SYN	工作模式设置	5.6	5.2	120	9
8	NC	空脚	0	0	∞	∞
9	REF	参考电压输出	5.6	5.2	120	9
10	FC1	误差比较器 1 输入	0	0	0	0
11	PVC	初级电压检测	4.2	4.1	65	8.5
12	GND	接地（热地）	0	0	0	0
13	OUT	驱动脉冲输出	0.9	1.9	4.5	4.5
14	VCC	供电电压	11.2	11.8	400	5.5

四、学生任务

① 给学生每人配置 1 台实验机，测量电源电路中各三极管、场效应管及集成块的各引脚电压，并记录下来，填入任务书 2 中。

② 教师设置故障供学生排除，并完成任务书 2。注意，一次只设置一个故障，排除后，再设置一个，反复训练。第一个故障需填写维修报告，其余故障需做维修笔记。

情境 3 扫 描 电 路

【主要任务】 本情境任务有二：一是让学生了解扫描电路的结构及工作过程；二是掌握扫描电路的检修方法，并能独自处理扫描电路的常见故障。

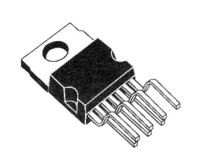

项目教学表

项目名称：扫描电路			课　　时	
授课班级				
授课日期				

教学目的：

　　通过教、学、做合一的模式，使用任务驱动的方法，使学生了解扫描电路的结构及工作过程，掌握扫描电路的检修方法，并能独自处理扫描电路的常见故障。

教学重点：

　　　　讲解重点——扫描电路的分析；

　　　　操作重点——扫描电路的检修。

教学难点：

　　　　理论难点——扫描电路分析；

　　　　操作难点——行扫描电路的检修。

教学方法：

　　　　总体方法——任务驱动法。

　　　　具体方法——实物展示、讲练结合、手把手传授、归纳总结等。

教学手段：多媒体手段、信息手段、实训手段等。

项目分解及课时分配		内　　容	课　　时	方法与手段	授 课 地 点
	子项目 1	行扫描电路	12（理论 4；实训 8）	讲授、师徒对话、演示、讲练结合、手把手传授、归纳总结等方法；多媒体、信息及实训手段	多媒体实训室
	子项目 2	场扫描电路	8（理论 2；实训 6）		

教学总结与评价	

任务书1——行扫描电路

项目名称	行扫描电路	所属模块	扫描电路	课 时	
学员姓名		组 员		机 号	

教学地点:

1. 用计算机软件绘制实验机的行输出电路,将电路图打印件粘贴在以下位置,并填写表1。

电路图粘贴处

表1 行输出电路元器件

名 称	序 号	型 号	作 用		
带阻行管			行管:		
			分流电阻:		
			阻尼二极管:		
行逆程电容					
行线性补偿电感					
S校正电容					
行输出变压器					
行偏转线圈					

2. 观察电路板,根据电路图清理底板上的行扫描线路,直到理清全部线路为止,并查阅行激励管的参数,填写表2。

表 2　行激励管参数

名称	型号	主要参数				
		U_{CBO}	I_{CM}	P_{CM}	t_{on}	t_{off}
行激励管						

3．测量行扫描电路

（1）观测波形，并将波形画下来，填入表 3 中。

表 3　观测波形

观　测　点	波　形　图	波形幅度	波形周期
行激励管基极			
行激励管集电极			
行管基极			
行输出变压器灯丝电压绕组			

（2）测量电压及 dB 脉冲，填写表 4。

表 4　电压及 dB 脉冲

观　测　点	测量类型	测　量　值
小信号处理器行频脉冲输出端	直流电压	
行激励管各极	直流电压	$U_B=$　　　　；$U_C=$　　　　；$U_E=$
行管各极	直流电压	$U_B=$　　　　；$U_C=$　　　　；$U_E=$
行输出变压器灯丝电压绕组	交流电压	
	dB 脉冲	
行激励管集电极	dB 脉冲	
行管基极和集电极	dB 脉冲	

注：若学生所用万用表无 dB 挡，则省略 dB 脉冲的测量。

4．教师设置故障供学生排除。注意，一次只设置一个故障，排除后，再设置一个，反复训练。填写故障 1 和故障 2 的维修报告，其余故障需做维修笔记。

表 5　故障 1 维修报告

故障现象	
故障分析	
检修过程	
检修结果	

表 6　故障 2 维修报告

故障现象	
故障分析	
检修过程	
检修结果	

其余故障的维修笔记

教学效果评价	学生评教	学生对该课的评语：
		总体感觉： 　　很满意□　　满意□　　一般□　　不满意□　　很差□
	教师评学	过程考核情况
		结果考核情况
		评价等级： 　　优□　　良□　　中□　　及格□　　不及格□

任务书2——场扫描电路

项目名称	场扫描电路	所属模块	扫描电路	课　　时	
学员姓名		组　　员		机　　号	

教学地点：

1．用计算机软件绘制实验机的场输出电路，将电路图打印件粘贴在以下位置。

电路图粘贴处

2．观察电路板，根据电路图清理底板上的场扫描线路，直到理清全部线路为止。

3．测量场扫描电路

（1）测量场输出集成块各引脚电压及电阻（对地电阻用1k挡测量），填写表1。

表1　场输出集成块引脚功能及检修数据

引脚	符　　号	功　　能	电压（V）	对地电阻（kΩ）	
				红笔接地	黑笔接地
1					
2					
3					
4					
5					
6					
7					

（2）观测波形，并将波形画下来，填入表2中（标出幅度和周期）。

表 2　观测波形

观　测　点	波　形　图	观　测　点	波　形　图
小信号处理器锯齿波形成端		场输出集成块输出端	
场输出集成块输入端		场输出集成块逆程脉冲输出端	

4．教师设置场故障供学生排除。注意，一次只设置一个故障，排除后，再设置一个，反复训练。填写故障 1 和故障 2 的维修报告，其余故障需做维修笔记。

表 3　故障 1 维修报告

故障现象	
故障分析	
检修过程	
检修结果	

表 4　故障 2 维修报告

故障现象	
故障分析	
检修过程	
检修结果	

其余故障的维修笔记：

教学效果评价	学生评教	学生对该课的评语：		
		总体感觉： 很满意□　满意□　一般□　不满意□　很差□		
	教师评学	过程考核情况		
		结果考核情况		
		评价等级： 优□　良□　中□　及格□　不及格□		

教 学 内 容

子项目 1：行扫描电路

扫描电路由行扫描和场扫描电路构成，担负着向行、场偏转线圈提供偏转电流的任务。扫描电路工作于大信号状态，故障率相当高，列整机第二，仅次于开关电源电路。

一、行扫描电路分析

1. 行扫描电路结构框图

行扫描电路的作用是为行偏转线圈提供行频锯齿波电流，使行偏转线圈产生垂直方向的磁场，控制电子束进行水平方向的扫描运动。

图 3-1 是行扫描电路的结构框图，可以看出，它是由行脉冲产生电路、行激励电路和行输出电路构成的。其中，行脉冲产生电路位于小信号处理器内部。行激励电路和行输出电路均由分离元器件构成，行激励电路是一个中功率电路，行输出电路是一个大功率电路。行输出电路中还设有高、中压形成电路，能产生显像管所需的高压、聚焦电压和加速电压。

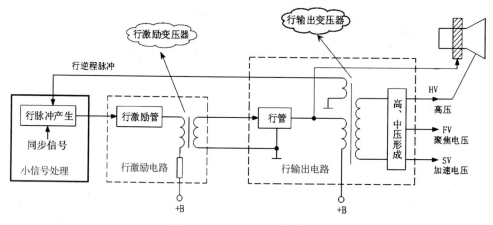

图 3-1　行扫描电路结构框图

行脉冲产生电路的作用是产生与发射端同步（即同频同相）的行频扫描脉冲。若果行脉冲产生电路所输出的行脉冲与发射端不同步，就会出现图像左右翻滚的现象，这种故障称为行不同步。行不同步故障在老式彩电中极为常见，新型数码彩电由于采用新技术和新电路来控制行频和行相位，故行不同步故障非常少见。

行激励电路一般由分立元器件构成，是一级脉冲功率放大器，担负着对行频脉冲进行功率放大的任务。行激励电路工作在开关状态，它的性能好坏将影响整个行扫描电路的工作情况。

行输出电路也是脉冲功率放大器，担负着向行偏转线圈提供行频锯齿波电流的任务，同时还产生高压、聚集电压和加速电压。

2.行扫描电路工作过程

（1）行脉冲产生电路

图 3-2 所示的电路为新型彩电常用的行脉冲产生电路，行振荡器的振荡频率为 500kHz（即 $32f_H$），属晶体振荡器。行振荡器输出的 $32f_H$ 振荡信号经 32 分频后，变成行频脉冲 f_H，并送至 AFC1 电路。在 AFC1 电路中，行频脉冲 f_H 与同步分离电路送来的复合同步信号进行比较，产生误差电压。误差电压经 C1、C2 及 R1 所组成的环路滤波器滤波后，转化为直流电压，用以控制行振荡器的振荡频率及相位。环路锁相后，行频脉冲 f_H 与行同步脉冲之间保持严格的同步关系。经 AFC1 锁相后的行频脉冲 f_H 送至相位控制器和 AFC2 电路。AFC2 通过对 f_H 和行逆程脉冲进行相位比较后，产生误差电压，并送至相位控制器，调节 f_H 的相位。这种控制方式可以调节行逆程的开始时间，确保光栅总是位于屏幕的正中，而不会向一边偏移。

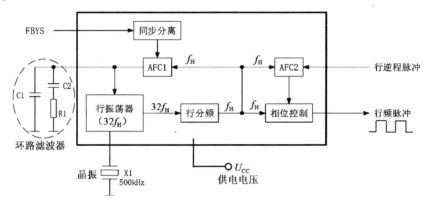

图 3-2　新型彩电常用的行频脉冲产生电路

AFC 是"自动相位控制"的意思，即鉴相器。新型数码彩电中一般设有两级 AFC 电路，通过两级 AFC 电路锁相后，行频脉冲与发射端的行扫描保持严格的同步关系，从而基本杜绝了行不同步的故障。

（2）行激励电路

行激励电路的作用是，将行频脉冲进行放大，以足够的功率推动行输出电路，使行输出电路能很好地工作在开关状态。

行激励电路一般由分立元器件构成，它工作在开关状态，是一级脉冲功率放大器。行激励电路与行输出电路之间采用变压器耦合方式，如图 3-3 所示，VT1 为行激励管（又称行推动管），T1 为行激励变压器（又称行推动变压器）。C1、C2 及 R3 构成反峰吸收网络，因 VT1 工作于开关状态，在 VT1 截止的瞬间，T1 初级会产生上正下负的感应电压（称为反峰电压），该电压与+B 电压叠加后，作用于 VT1 的集电极，有可能将 VT1 击穿。有了反峰电压吸收网络后，就能将反峰电压吸收掉，从而起到保护 VT1 的作用。

（3）行输出电路

行输出电路担负着向行偏转线圈提供锯齿波电流的任务，其电路结构形式如图 3-4 所示，它由行输出管（简称行管）、分流电阻、阻尼二极管、逆程电容、行线性补偿电感、S 校正电容、行输出变压器构成。

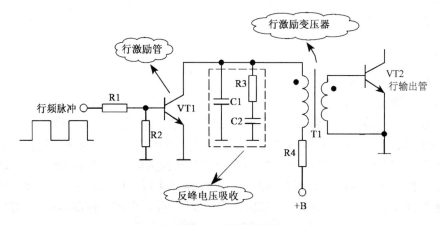

图 3-3　行激励电路

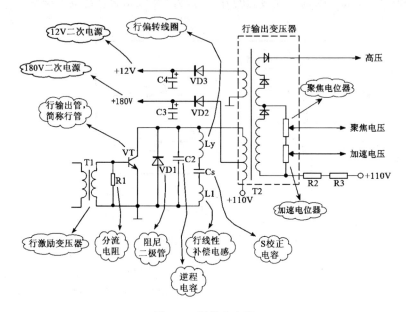

图 3-4　行输出电路

Cs 的容量较大，在一行时间内，Cs 两端的电压几乎不变，等于电源电压。因而可将 Cs 两端的电压看做是行输出电路的供电电源。

VT 为行管，当它的基极加正脉冲时，便导通，Cs 上的电压对偏转线圈充电，形成行扫描正程后半段的锯齿波电流。VD1 为阻尼二极管，在 VT 截止期间，行偏转线圈经 VD1 放电，形成行扫描正程前半段的锯齿波电流。C2 为逆程电容，行逆程是由 C2 与偏转线圈谐振而形成的。

S 校正电容 Cs 用来补偿延伸失真。由于荧光屏是非球面的，会导致电子束在边沿扫描时线速度快，而在中间扫描时线速度慢，从而出现图像两边拉长，中间压缩的现象，这种现象称延伸失真，在偏转线圈上串联 S 校正电容后，延伸失真就会得到补偿。

行线性补偿电感 L1 用来补偿行输出管和行偏转线圈内阻所引起的图像右边压缩失真的现象。

为了限制行管的饱和深度，并使行管截止时，行激励变压器的次级具有泄放路径，常在行管的 BE 之间接一数十欧的分流电阻 R1。

行输出变压器 T2 起脉冲变压作用。在行逆程期间，行输出变压器初级上会产生很高的脉冲电压（称为行逆程脉冲），从而使各次级也输出行逆程脉冲，脉冲幅度的高低取决于次级与初级的匝数比。次级的逆程脉冲经整流滤波后，可以得到相应的二次电源。

行输出变压器上还设有一个高压绕组，能对行逆程脉冲进行升压，再经整流、滤波后，获得 18kV 左右的高压，提供给显像管的高压阳极。高压绕组上还设有中心抽头。中心抽头上所取出的脉冲经整流、滤波后，再由两只电位器取出聚焦电压和加速电压，分别提供给显像管的聚焦极和加速极。

在实际应用中，通常将分流电阻、阻尼二极管封装在行管内部，如图 3-5（a）所示。由于行管内部带有电阻和阻尼二极管，故将这种行管称为带阻行管。图 3-5（b）为带阻行管的外形。

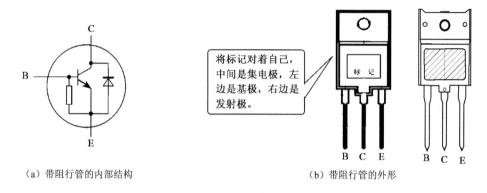

（a）带阻行管的内部结构　　　　　　　　　　（b）带阻行管的外形

图 3-5　带阻行管

3．行扫描电路分析举例

图 3-6 是海信 76810 机心的行扫描电路，行扫描脉冲由小信号处理器 LA76810 的 27 脚提供，V431 为行激励级，其主要作用是放大行脉冲，它实际上是一个脉冲功率放大器，工作在开关状态。V431 集电极与地之间所接的 RC 网络为反峰吸收电路，当 V431 由饱和转为截止时，T431 的初级会产生较高的反峰电压，从而有可能击穿 V431。反峰吸收电路可有效地吸收反峰脉冲的突变沿，进而保护行激励管。

行脉冲经 V431 放大后，再经行激励变压器 T431 耦合，送至行输出电路，行输出管 V432 也工作在开关状态。当基极加正脉冲时，V432 饱和，加负脉冲时，V432 截止。行输出电路所需的阻尼二极管封装在行管之中，因而无需外接，阻尼二极管也工作在开关状态。扫描正程的后半段是由行管饱和导通、S 校正电容上的电压对行偏转线圈充电而形成的；扫描正程的前半段是由阻尼二极管导通、偏转线圈通过阻尼二极管放电而形成的；扫描逆程是由偏转线圈与逆程电容谐振而形成的。通常在分析电路时，都认为行扫描电流是由行输出管集电极输出的，并送至偏转线圈，虽然这种理解并不准确，但不影响电路分析。

在行输出路径中，与偏转线圈串联的电感 L441 起行线性补偿作用，可补偿行管饱和内阻所引起的失真；串联电容 C441 为 S 校正电容，可补偿延伸失真。

当行扫描电路正常工作后，行输出变压器 T451 的各个次级上会感应出行逆程脉冲，其中 5 脚上的逆程脉冲将送至小信号处理器和 CPU。7 脚上的逆程脉冲一方面作为灯丝电压送至显像管；另一方面送至保护电路。当逆程脉冲过高时，保护电路会动作，机器自动关闭。高压绕组上的逆程脉冲经整流、分压后，转化成高压（HV）、聚焦电压（FO）及加速极电压（SC），分别送到显像管的高压嘴、聚焦极及加速极。

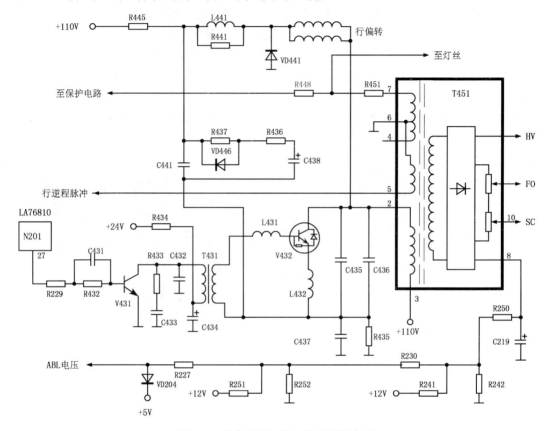

图 3-6　海信 76810 机心的行扫描电路

二、行扫描电路的检修

1．故障判断

判断行扫描电路是否有故障的方法很多，最常用的有以下几种。

第一种方法是通过测量开关电源输出的电压来判断。如果开关电源输出的各路直流电压正常，而机器却呈现三无状态，说明行扫描电路有故障。如果开关电源输出的电压下降较多，而接假负载时，输出电压又正常，说明行扫描电路有故障。

第二种方法是通过观察显像管的灯丝亮否来判断。在开关电源输出的各路电压正常的情况下，若显像管灯丝不亮，说明行扫描电路出现故障。

第三种方法是通过测二次电源来判断。在开关电源电路输出的各路电压正常的情况下，若二次电源电压为 0V（+180V 除外），说明行扫描电路不工作；若二次电源电压下降，说明行扫描电路工作不正常，可能存在行负载过重或行频偏离正常值的现象；若二次电源电压正常，说明行扫描电路工作基本正常。

2．关键检测点

参考图 3-7，行扫描电路出现故障时，常见的故障现象是三无，关键检测点有以下几个。

A 点：用示波器可以检测 A 点有无行脉冲输出，若 A 点无行脉冲输出，说明故障在小信号处理器内部的行脉冲产生电路中；若 A 点有行脉冲输出，可以肯定故障在行激励级或行输出级中。

B 点：B 点是行激励管的集电极，其直流电压应明显低于给它供电的电源电压，而又往往高于 10V。若 B 点直流电压等于给它供电的电源电压，说明行激励管不工作。若 B 点直流电压等于 0V，说明行激励管供电有问题或管子已击穿。用万用表 dB 挡测 B 点时，指针应有较大角度的偏转；若不偏转，说明 B 点无行脉冲输出。

C 点：C 点是行激励变压器的输出端，也是行管的基极。该点的直流电压应呈负值，测量该点直流电压时，若表针反偏，说明该点有行脉冲存在，否则说明无行脉冲存在。用万用表 dB 挡也能检测该点有无脉冲存在，C 点的 dB 脉冲明显低于 B 点。

D 点：D 点是行管的集电极，该点的直流电压基本等于+B 电压，同时有很高的 dB 脉冲值。通过测量该点的直流电压可以判断行管的供电情况；通过测量该点的 dB 脉冲可以判断行输出电路是否工作。

高压帽中的金属钩：此处可以检测有无高压。方法是，手握起子的绝缘柄，让起子的金属部分靠近金属钩，应有拉弧现象（用试电笔靠近金属钩，则拉弧更加明显），若无拉弧现象，说明无高压存在。

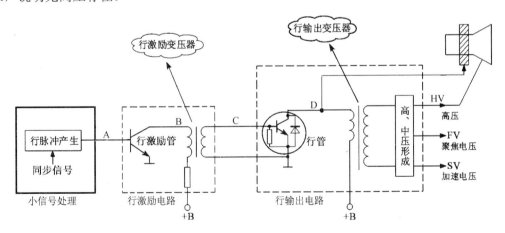

图 3-7　行扫描电路的关键检测点

3．行脉冲产生电路的检修

只要行脉冲产生电路无行频脉冲输出，即可判断它已出现故障。行脉冲产生电路出故障时很容易检修，只需检查供电电压 U_{CC}、晶振及环路滤波器即可，若这些都正常，说明集成块损坏。

另外，有些新型单片小信号处理器和超级芯片，往往将晶振集成到芯片内部，当出现无行频脉冲输出时，只需检查供电和环路滤波器即可。

4. 行激励电路的检修

行激励电路有两种故障类型，一是电路不工作；二是行激励不足。当行激励电路不工作时，会引起三无故障；当行激励不足时，会引起三无故障或行幅变窄、光栅变暗的故障。

（1）行激励电路不工作

参考图 3-8。行激励电路不工作的故障常由两方面原因引起，一是行激励电路得不到相应的行脉冲输入；二是行激励电路自身损坏。检修行激励电路时，主要采用直流电压测量法和 dB 脉冲测量法。先测行激励管 VT1 集电极有无 dB 脉冲，若无 dB 脉冲，即可判断行激励级不工作。此时可检测行激励管集电极电压，若集电极电压为 0V，应查供电是否正常、R2 是否断路、T1 的初级是否断路等。若集电极电压等于供电电压，说明 VT1 总处于截止状态，可查 VT1 是否断路、VT1 基极是否有行脉冲输入（用示波器检查）。若 VT1 基极无行脉冲输入，说明故障在小信号处理器中，与行激励级的关系不大。

◢ 提醒你

在检修过程中，若碰到 R2 烧焦断路的现象时，切勿一换了之，还应检查 VT1 是否击穿。若 VT1 未击穿，说明小信号处理器有故障，导致输出电压过高，使 VT1 进入饱和状态，进而烧断 R2。

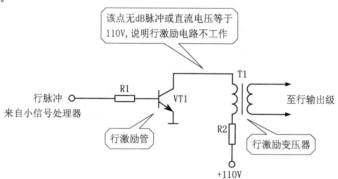

图 3-8　行激励电路

（2）行激励不足

当测得行激励级输出的 dB 脉冲低于正常值时，即可判断为行激励不足。行激励不足的后果是非常严重的，它会引起行管烫手并最终导致行管热击穿。引起行激励不足的原因如下所述。

① 行激励变压器内部存在局部短路现象，使得行激励级负载过重。

② 行激励管性能下降，导致输出的脉冲幅度下降。

③ R2 阻值变大，导致行激励级输出脉冲的上升沿和下降沿不够陡。

④ 行激励管基极的脉冲幅度下降，不足以使行激励管工作在开关状态，最终导致集电极输出的脉冲幅度也下降。此时，应对行激励管的基极回路中的电阻及行振荡级的供电进行检查。

⑤ 行频偏离正常值，导致行激励不足。应对行振荡元件进行检查。

5. 行输出电路的检修

（1）行输出电路的检修方法

行输出电路产生故障时，一般体现为三无。检修行输出电路的方法较多，但一般采用电压测量法、观察法及触摸法。

判断行输出级工作是否正常的方法是，观察显像管灯丝是否发亮及测量各路二次电源是否正常，若显像管灯丝发亮，各路二次电源正常，说明行输出电路工作正常；否则，说明行输出电路工作不正常。

行输出电路工作正常并不说明一定会有光栅产生，还要看有无高压输出和有无加速电压输出。由于高压很高，用万用表无法测量，只能采用拉弧的方法来判别；加速极电压一般只有数百伏，可以用万用表来测量，但应注意，由于万用表的内阻不够大，测量的结果往往比实际值要低。

行输出电路故障的多发部位是行管和行输出变压器。行管常以击穿比较多见。当行管击穿后，+B 电压会下降为 0V，有些机器还会发出"吱吱"叫声。若将行输出电路的供电切断，用 60~100W 的灯泡接在+B 电压输出端，则+B 电压会立即恢复正常（110V）。行输出变压器多以匝间击穿为主，当行输出变压器出现匝间击穿时，行输出电路一般仍会工作，但此时会有如下一些现象产生：灯丝不亮（或亮度很暗）、各路二次电源低于正常值、行管烫手、行输出变压器发热或产生叫声、+B 电压严重下降，等等。有时，还能发现行输出变压器上有鼓包或穿洞的痕迹。

（2）行输出管发烫检修思路

彩色电视机的行管正常工作时，有一定的温升，用手摸之，感觉有点热，但不烫手。若行管烫手，说明行扫描电路工作不正常。此时，会出现三无现象，各路二次电源明显下降。严重时，连+110V 的供电电压都会下降。行管发烫一般由以下一些原因引起。

① 行管性能变差，行逆程电容漏电或容量变大。

② 行输出变压器内部绕组击穿。当行输出变压器内部绕组击穿严重时，常会引起行输出变压器发热、鼓包、+110V 供电电压严重下跌等现象。

③ 行激励不足，如行激励变压器内部绕组短路或行激励管性能变差等。

④ 行频严重偏离正常值。若行频严重偏离正常值，就会引起行激励不足或行负载过重的现象，导致行管发烫。行频严重偏离正常值一般是由行振荡频率偏离或行分频电路故障引起的。

⑤ 行偏转线圈存在匝间击穿现象。当行偏转线圈出现匝间击穿时，会导致行负载过重，引起行输出管发烫。

（3）行输出变压器

行输出变压器是一个特殊的变压器，可以用万用表测量其绕组是否存在断路现象，但绕组是否短路是难以用万用表进行判断的，只能根据以上几个特点进行判断。行输出变压器外形如图 3-9 所示，其上有三根线，带高压帽的那根线为高压线，它与显像管的高压嘴相连。另外两根中，较粗的那根为聚焦线，它直接连在显像管的管座上，较细的那根为加速电压线，它连在灯座板上，更换行输出变压器后，一定要正确连接好这三根线。行输出变压器上还有两个电位器，上面的那个用来调节聚焦电压，下面的那个用来调节加速电压。

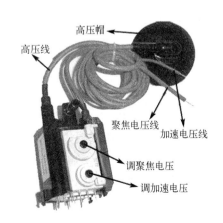

高压帽

高压线

聚焦电压线

加速电压线

调聚焦电压

调加速电压

图 3-9　行输出变压器外形

🔊 **教你一招：**

当机器使用日久，且使用环境较差时，常会引起高压打火现象，此时，屏幕出现亮线干扰，机内发出一股"腥"味。对于这种现象，应先将高压线从高压嘴中取出，对高压帽中的高压钩进行清洁，以除去其上的锈，再将高压嘴也进行清洁。之后，将高压嘴周围涂上灭弧灵，再将高压线与高压嘴连好即可。经过这样处理后，打火现象会立即得到解决。

（4）行管的代换技巧

绝大多数彩电的行管是带阻管，它的 BE 极之间常接有一只几十欧的电阻，CE 极之间接有一只阻尼二极管。用万用表测量时，除了 CB 极、CE 极不通（即黑表笔置于 C 极，红表笔分别置于 B 极、E 极，此时应不导通）之外，其余皆通。

行管是彩电中的易损器件，当行管损坏后，就得用相同型号的管子进行代换，但有时，难以找到相同型号的管子，此时，可选用其他型号的行管进行代换。

在代换行管时，有两点是特别值得注意的，一是代换管的类型要与原管一样，即原管为带阻管，则代换管也得用带阻管；若原管为非带阻管，则代换管也得用非带阻管；二是代换管的参数必须非常接近或略高于原管。

对于小屏幕彩电来说，比较通用的行管有 2SD1545、2SD1555、2SD1651 等，对于大屏幕彩电来说，比较通用的行管有：2SD1433、2SD2253、2SD1879、2SD5299 等。

三、学生任务

① 给学生每人配置 1 台实验机，先根据电路图清理底板上的行扫描线路，直到理清全部线路为止。

② 对行扫描电路进行测量，并将测量结果记录下来，填入任务书 1 中。

③ 教师设置故障供学生排除，并完成任务书 1。注意，一次只设置一个故障，排除后，再设置一个，反复训练。第 1、2 个故障需填写维修报告，其余故障需做维修笔记。

子项目 2：场扫描电路

场扫描电路的作用是为场偏转线圈提供场频锯齿波电流，使场偏转线圈产生水平方向的磁场，控制电子束进行垂直方向的扫描运动。

一、场扫描电路分析

1. 场扫描电路结构框图

场扫描电路结构框图如图 3-10 所示，它包含三部分，即场脉冲产生电路、场激励电路（又称场推动电路）及场输出电路。场频脉冲产生电路常集成在小信号处理器中，场激励电路和场输出电路一般集成在场输出集成块中，且场激励电路是场输出电路的前置级。

为了获得较好的场扫描效果，对场扫描电路有三项基本要求，即输出的功率要足够大，场锯齿波线性要良好，电路的效率要高。设计场扫描电路时，必须围绕这三个要求进行。

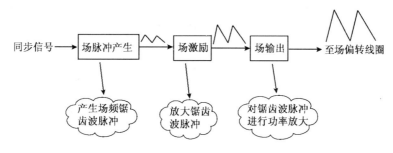

图 3-10　场扫描电路结构框图

2．场扫描电路工作过程

（1）场脉冲产生电路

图 3-11 是场脉冲产生电路结构框图。场脉冲是由场分频电路、锯齿波形成电路产生的。行振荡器产生的 $32f_H$ 振荡信号经行分频后，输出一路 $2f_H$ 脉冲，送至场分频器，由场分频器继续分频产生场频脉冲 f_V。场分频过程受场同步信号控制，以确保分频后的场频脉冲与场同步信号之间保持同步关系。场分频器输出的场频脉冲经锯齿波形成电路处理后，输出锯齿波电压。

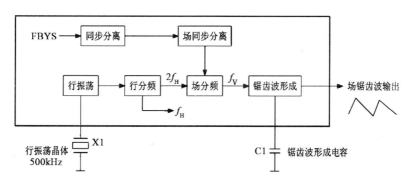

图 3-11　场脉冲产生电路结构框图

（2）场激励与场输出电路

场激励和场输出电路常集成在场输出集成块中，场激励电路是前置级，场输出电路是功率放大器，电路形式有 OTL 和 BTL 两种。目前，场输出集成块的型号很多，这时仅以 LA7840 为例进行分析。

LA7840 是日本三洋公司推出的，内含场锯齿波功率放大器，泵电源及热保护器等电路，常用于小屏幕彩电中。它具有功耗小、效率高、失真小、与小信号处理器之间无需连接反馈网络等特点。

由 LA7840 构成的场输出电路如图 3-12 所示（取自长虹 G2108 型彩电），小信号处理器（LA76810）23 脚输出的场锯齿波电压经 R302 送到 LA7840 的 5 脚，经锯齿波功率放大器放大后，从 2 脚输出，送入偏转线圈。

锯齿波电流流过偏转线圈的路径为：LA7840 的 2 脚→场偏转线圈→C306→R304（1Ω）→地。C306 为锯齿波耦合电容，当锯齿波流过 R304 后，会在 R304 上形成锯齿波电压，该电压经 R305、R307、C304、R313 反馈至 LA7840 的 5 脚。此路反馈是一种交流反馈，意在补偿场线性。C306 上端的直流电压通过 R314、R313 反馈至 LA7840 的 5 脚，意在稳定电路的工作点。实践证明，这些反馈电路对场线性及场幅影响极大。因此，当场线性不良且伴随着场幅变大或变小时，应重点检查这些电路。

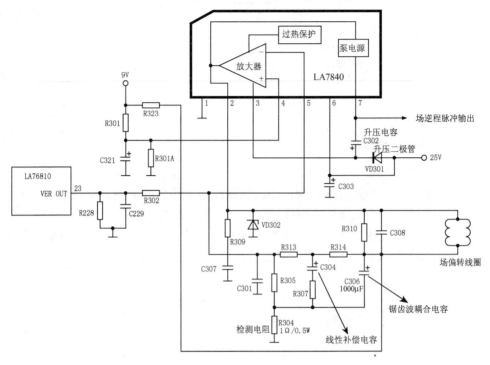

图 3-12　场输出电路

VD301 与 C302 构成自举升压电路。在场扫描正程期间，25V 电源通过 VD301 和 7 脚内部电路对 C302 充电，C302 上充有大约 25V 的电压；在场逆程期间，25V 电源从 6 脚输入，通过 LA7840 内部电路与 C302 上的充电电压相叠加，使总电压上升到 50V 左右，这个50V 电压加到 LA7840 的 3 脚，作为输出级的供电电压，从而提高了电路的工作效率。LA7840 的 7 脚还能输出场逆程脉冲，送至 CPU，作为字符垂直定位信号。

R309 与 C307、VD302 起保护作用，防止偏转线圈上的反峰电压对集成块的冲击；R310 与 C308 起阻尼作用，防止偏转线圈与电路中的分布电容发生寄生振荡。

二、场扫描电路的检修

1. 场扫描电路的关键检测点

场扫描电路分布在两块集成块中，其中场脉冲产生电路位于小信号处理器中，而场推动电路和场输出电路位于场输出集成块中。场扫描电路有两个关键检测点，即图 3-13 中的A 点和 B 点，通过检测这两点可以缩小故障范围。

A 点是场脉冲产生电路的输出点，也是场输出集成块的输入端。在检修水平亮线故障时，用万用表 R×10Ω 挡干扰此点时，若屏幕上的水平亮线闪动，说明场输出电路是正常的，故障在小信号处理器中；若屏幕上的水平亮线不闪动，说明场输出电路有故障，有可能是外围元器件问题，也可能是场输出集成块自身损坏所致。

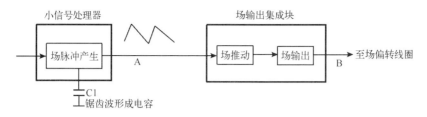

图 3-13　场扫描电路的关键检测点

B 端直流电压等于供电电压的一半左右，若该端的直流电压偏离正常值，说明场输出电路有故障，有可能是外围元器件有问题，也可能是场输出集成块损坏。

2．场扫描电路的故障特点

场扫描电路的故障现象有三种，即水平亮线故障，场幅不足故障，场线性不良故障等。如图 3-14 所示，其中以水平亮线故障最常见。

（a）水平亮线　　　（b）场幅不足（上、下没有光栅）　　（c）场线性不良（圆形变成蛋形）

图 3-14　三种故障现象

3．场输出电路故障检修方法

（1）水平亮线故障

当碰到水平亮线故障时，首先应判断故障部位。方法是：将小信号处理器的锯齿波输出端与场输出集成块的锯齿波输入端切断，将万用表置于 R×10Ω 挡，将红表笔接地，用黑表笔不停地碰触场输出集成块的输入端（相当于人为地给场输出集成块送入一串频率很低的脉冲信号），若此时水平亮线上下闪动，说明场输出电路正常，故障在小信号处理器中；若水平亮线不闪动，说明场输出电路有故障。

当诊断出场输出电路有故障后，就得对场输出集成块的供电电压及锯齿波输出端电压进行检查。若供电正常，但锯齿波输出端电压偏离 $1/2 U_{CC}$（即供电电压的一半），则应检查外围电路。在外围电路正常的情况下，说明集成块损坏。

当诊断出小信号处理器有故障后，应锁定小信号处理器中的场脉冲产生电路，对这一电路的外围元器件进行排查。若无问题，就得更换小信号处理器。

（2）场幅不足故障

场幅不足，说明有锯齿波电流流过场偏转线圈，只是流过场偏转线圈的锯齿波电流偏小而已。检查的重点应放在场输出电路中，常见的原因有以下几种。

① 场输出级的推挽对管不良。若输出级由分立元器件构成，此时，应将推挽对管一并更换；若输出级由集成块担任，应更换集成块。

② 锯齿波检测电阻烧断。设置锯齿波检测电阻（图 3-12 中的 R304）的目的是为了获

取锯齿波反馈电压，以改善场线性。若该电阻损坏，就会导致流过场偏转线圈中的锯齿波电流大大减小，从而在屏幕上出现一条很窄的水平亮带。

③ 场锯齿波耦合电容容量减小。当场锯齿波耦合电容容量减小时，场幅也会不足，同时还伴随着场线性不良的现象。

（3）场线性不良故障

场线性是指流过场偏转线圈的锯齿波电流要按直线规律变化，否则就会导致垂直扫描速度不均匀，从而造成图像几何失真现象。图 3-15 的波形 a 是一个场线性良好的锯齿波电流，这样的电流送入场偏转线圈后，图像不会产生几何失真。而波形 b 是个场线性不良的锯齿波电流，扫描的前半段电流上升速度慢，后半段电流上升速度快。这样的电流送入场偏转线圈后，图像会产生几何失真现象，上部压缩，下部拉长，圆形变成了蛋形。

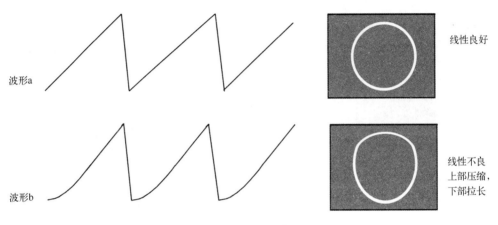

波形a

波形b

线性良好

线性不良
上部压缩，
下部拉长

图 3-15　场线性

当出现场线性不良时，常会伴随场幅变大或变小的现象，常见的原因有以下几种。

① 场线性补偿电路不良（图 3-12 中的 C304、R307 等元件）。

② 升压电路不良（图 3-12 中的 VD301 和 C302 等元件）。

③ 场锯齿波耦合电容不良。

④ 锯齿波形成电容不良等。

（4）场扫描电路故障寻迹图

图 3-16 是场扫描电路故障寻迹图，可供检修时参考。表 3-1 是 LA7840 的引脚功能及检修数据，表中数据是在长虹 G2108 型彩电中测得的。

表 3-1　LA7840 的引脚功能及检修数据

引　脚	符　　号	功　　能	电压（V）	对地电阻（kΩ）	
				红笔接地	黑笔接地
1	GND	接地	0	0	0
2	VER OUT	场锯齿波输出	12.2	0.5	0.5
3	VCC2	场输出级供电	25.3	∞	4.6
4	VERF	同相输入	2.2	1.7	1.6
5	INVERTING IN	反相输入	2.2	7.2	5.2
6	VCC1	供电	25	16.0	5.0
7	PUMP UP	场逆程脉冲输出	1.8	32.1	5.7

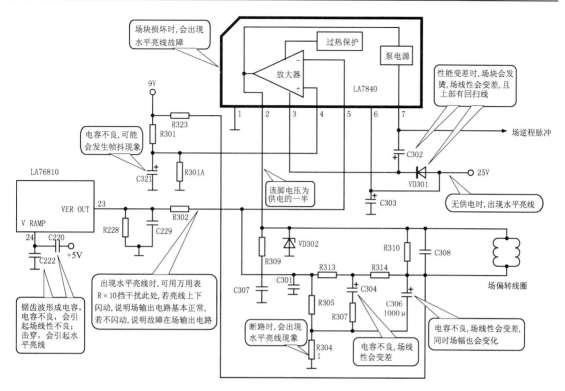

图 3-16　场扫描电路故障寻迹图

三、学生任务

① 给学生每人配置 1 台实验机，先根据电路图清理底板上的场扫描线路，直到理清全部线路为止。

② 对场扫描电路进行测量，并将测量结果记录下来，填入任务书 2 中。

③ 教师设置故障供学生排除，并完成任务书 2。注意，一次只设置一个故障，排除后，再设置一个，反复训练。第 1、2 个故障需填写维修报告，其余故障需做维修笔记。

情境  小信号处理电路

【主要任务】 本情境任务有二：一是让学生了解单片小信号处理器的结构、功能及信号流程，二是掌握小信号处理器的关键检测点及检修方法，并能独自检修小信号处理电路的常见故障。

项目教学表

项目名称：小信号处理电路			课 时	
授课班级				
授课日期				

教学目的：
　　通过教、学、做合一的模式，使用任务驱动的方法，使学生了解单片小信号处理器的结构、功能及信号流程，掌握小信号处理器的关键检测点及检修方法，并能独自检修小信号处理电路的常见故障。

教学重点：
　　　　讲解重点——小信号处理器的功能及信号流程；
　　　　操作重点——小信号处理器的电压测量及故障检修。

教学难点：
　　　　理论难点——信号流程分析；
　　　　操作难点——小信号处理电路的故障检修。

教学方法：
　　　　总体方法——任务驱动法。
　　　　具体方法——实物展示、讲练结合、手把手传授、归纳总结等。

教学手段：多媒体手段、实训手段等。

		内　　容	课　　时	方法与手段	授 课 地 点
项目分解及课时分配	子项目 1	LA76810/76818 小信号处理器	12（理论 4；实训 8）	讲授、师徒对话、演示、讲练结合、手把手传授、归纳总结等方法；多媒体、实训手段	多媒体实训室
	子项目 2	TB1231N/1238N 小信号处理器	12（理论 4；实训 8）		
	教师可根据实际情况，从以上两个项目中任选一个进行教学。				
教学总结与评价					

任务书——小信号处理电路的检测与检修

项目名称	小信号处理电路	所属模块	小信号处理电路	课　时	
学员姓名		组　员		机　号	

教学地点：

　　1. 写出实验机的小信号处理器的型号及功能。

　　2. 观察电路板，根据电路图清理底板上的小信号处理电路，直到理清全部线路为止。

　　3. 测量小信号处理电路
　　测量小信号处理器各引脚电压，填写表1。

表1　小信号处理器各引脚电压

引脚	电压（V）	引脚	电压（V）	引脚	电压（V）	引脚	电压（V）
1		15		29		43	
2		16		30		44	
3		17		31		45	
4		18		32		45	
5		19		33		47	
6		20		34		48	
7		21		35		49	
8		22		36		50	
9		23		37		51	
10		24		38		52	
11		25		39		53	
12		26		40		54	
13		27		41		55	
14		28		42		56	

　　4. 教师设置故障供学生排除。注意，一次只设置一个故障，排除后，再设置一个，反复训练。填写故障1和故障2的维修报告，其余故障需做维修笔记。

表 2　故障 1 维修报告

故障现象	
故障分析	
检修过程	
检修结果	

表 3　故障 2 维修报告

故障现象	
故障分析	
检修过程	
检修结果	

其余故障的维修笔记：

教学效果评价	学生评教	学生对该课的评语：	
		总体感觉： 很满意□ 满意□ 一般□ 不满意□ 很差□	
	教师评学	过程考核情况	
		结果考核情况	
		评价等级： 优□ 良□ 中□ 及格□ 不及格□	

教 学 内 容

数码彩电所用的小信号处理器有两种类型，一种是解码/扫描小信号处理器，如 TA8880CN、TB1227N 等；另一种是中频/解码/扫描小信号处理器（又称单片小信号处理器）。后者的应用极为广泛，目前最常用的单片小信号处理器有四种，分别是 LA76810/76818（包括其改进型 LA76820/76828/76832）、TB1231N/1238N（包括其改进型号 TB1240N 及 TB1251N）、TDA8841/8842/8843/8844（包括 OM8838 及 OM8839）、STV2246/2247/2248/2286。本情境重点分析前两种小信号处理器的检修方法，在教学中，教师可根据实际情况任选一个子项目进行教学。

子项目 1：LA76810/76818 小信号处理器

LA76810/76818 常用于长虹 CN-12 机心、康佳 A10 机心、海信 76810 机心、海尔 76818 机心等电路中，以这种芯片构成的彩电具有线路简单、性能稳定、成本低等特点。LA76810 与 LA76818 的结构几乎相同，引脚功能也一样，这里仅以 LA76810 为例进行分析。

一、LA76810 介绍

1．结构框图

LA76810 是日本三洋公司推出的单片数码小信号处理器，集中频、解码、扫描小信号处理电路于一身，内部框图如图 4-1 所示。

2．功能特点

LA76810 在处理信号时，具有以下一些功能特点。

（1）适用于 PAL/NTSC 制信号处理，具有 SECAM 制信号接口，易与 SECAM 制解调电路相连。

（2）具有多制式伴音处理功能。

（3）采用 PLL（锁相环路）图像解调及伴音解调技术，图、声质量较好。

（4）内置色带通滤波器、色度陷波器、1H 基带延时器及亮度延时线。采用单晶体副载波振荡器，外围线路极为简单。

（5）内置多种清晰度改善电路，图像清晰度高，层次感强。

（6）内置音频和视频选择开关，无需外接 TV/AV 切换电路。

（7）采用 I^2C 总线控制形式，简化了控制电路。

二、LA76810 处理信号的过程

图 4-2 是 LA76810 在长虹 G2108 型彩电中的应用线路，下面分析其信号处理过程。

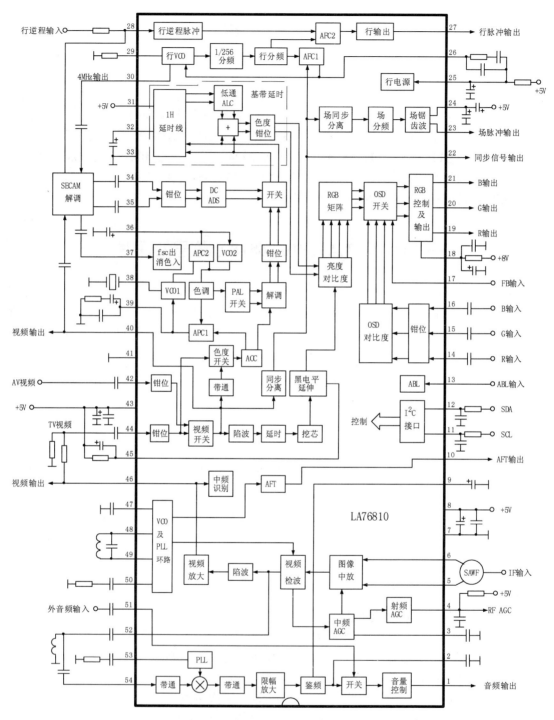

图 4-1　LA76810 内部框图

1. 中频信号处理

由调谐器 IF 端子输出的图像中频信号先经前置中放电路 V101 放大后，再由声表面滤波器 Z101 送至 LA76810 的 5 脚和 6 脚。声表面滤波器的作用是吸收邻频干扰信号，同时衰减 31.5MHz 的本频道第一伴音中频信号。由于声表面滤波器对信号衰减较大，故特设一级前置中放电路来弥补声表面滤波器的插入损耗。

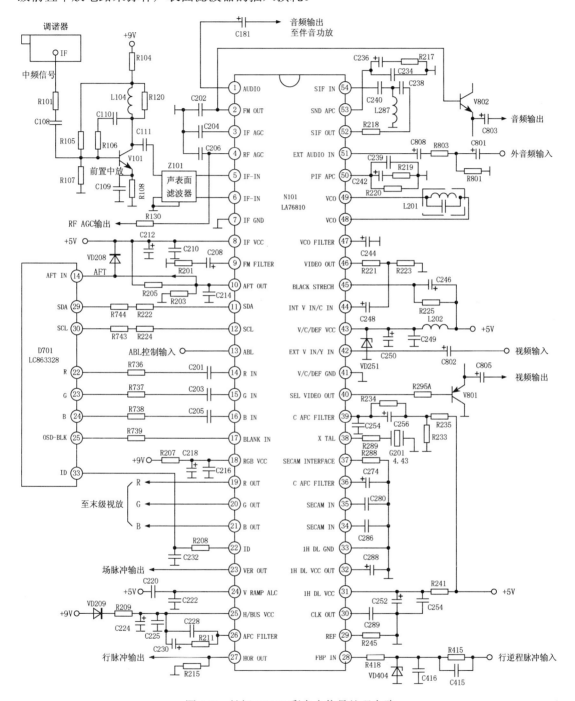

图 4-2　长虹 G2108 彩电小信号处理电路

中频信号进入 5 脚、6 脚以后，经内部中频放大及视频检波电路进行处理，产生彩色全电视信号（即复合视频信号）及第二伴音中频信号，彩色全电视信号从 46 脚输出，第二伴音中频信号从 52 脚输出。

52 脚输出的第二伴音中频信号（事实上是第二伴音中频信号及视频信号）经 C238、L287 及 C240 所组成的高通滤波器进行滤波后，获得 4.0MHz 以上的高频成分，送入 54 脚，再由内部伴音中频电路对伴音中频信号进行选频放大及 PLL 检波，产生音频信号（又称 TV 音频信号）。音频信号一路从 2 脚输出，送至机外；另一路与 51 脚输入的 AV 音频信号进行切换，切换后的信号经音量控制后，从 1 脚输出，送至伴音功放电路。

48 脚和 49 脚外接的 L201（内附电容）为中频 VCO 网络，它调谐在 38.0MHz 上，以产生中频载波。50 脚外接中频 PLL 环路滤波器（由 R220、R219、C242 及 C239 组成），50 脚电压用来锁定中频 VCO 频率。PLL 环路滤波器所产生的误差电压还经内部 AFT 电路处理，从 10 脚输出 AFT 电压，送至微处理器的 14 脚，用以确定精确的调谐点。当调谐最准确时，LA76810 的 10 脚电压为 2.5V 左右。在自动搜索时，由于 PLL 环路处于相位捕捉阶段，10 脚电压会大幅度摆动。中频电路中设有 AGC 电路，可对中频信号的强弱进行检测，再由 3 脚外接的电容 C204 进行滤波处理，形成中频 AGC 电压，控制中放电路增益，中频 AGC 电压还经 RFAGC 电路处理后，从 4 脚输出高放延迟 AGC 电压，送至高频头的 AGC 端子，控制高放级增益。

◀ 背景知识：

AGC 电路（自动增益控制电路）是为了展宽电视机的动态工作范围而设置的。AGC 电路的作用是，当接收弱信号时，使中放电路具有较高的增益，确保画面清晰稳定，而接收强信号时，则自动降低中放电路的增益，以免信号幅度超出电路的正常工作范围，确保画面继续清晰稳定。若中放电路增益下降到最低时，中放输出信号幅度还是过大，则必须控制调谐器高放电路的增益，这一过程由 RFAGC（即高放延迟 AGC）来完成。

2. 视频信号处理

46 脚输出的彩色全电视信号经电容 C248 耦合后，送至 44 脚，并与 42 脚输入的外视频（AV 视频）信号进行切换。切换后的信号一路从 40 脚输出，送至机外；另一路进入解码电路，经解码电路处理后，从 19 脚、20 脚及 21 脚输出 R、G、B 三基色信号，送至末级视放电路。解码电路由亮度通道和色度通道组成，外部元器件较少，45 脚外接黑电平检测滤波电路，由 C246 及 R225 组成。38 脚外接 4.43MHz 振荡网络（由 R289、G201 组成）。39 脚外接色副载波 PLL 环路滤波器（由 C254、R233、C256、R234 及 R235 组成），36 脚外接的电容 C274 也是色副载波 PLL 环路滤波器，39 脚和 36 脚电压分别用来锁定内部 VCO1 及 VCO2 的振荡频率和相位。由于本机未设 SECAM 制解调电路，因而 34 脚和 35 脚无 SECAM 制 R-Y 及 B-Y 信号输入，故将这两脚经电容接地，37 脚输出的 4.43MHz 信号也无作用，故将 37 脚经一电阻接地。

14 脚、15 脚及 16 脚输入 R、G、B 字符信号，17 脚输入字符消隐信号，这四个信号均由 CPU 送来。当 17 脚为高电平时，14 脚、15 脚及 16 脚输入的 RGB 字符信号可以分别从 19 脚、20 脚及 21 脚输出，最终显示在荧光屏上；当 17 脚为低电平时，字符信号被禁止。

13 脚为 ABL 电压输入端，ABL 电压取自行输出变压器的 ABL 端子（行输出变压器的 7 脚），它反映屏幕亮度的变化情况，为 LA76810 提供亮度检测信息。当屏幕亮度增高时，ABL 电压会降低，只要 ABL 电压低于启控点，内部 ABL 电路立即启控，并将屏幕的亮度自动调低，由于 ABL 电路的作用，使屏幕亮度自动得到限止。

背景知识：

ABL 是"自动亮度限制"的英文缩写，自动亮度限制电路简称 ABL 电路。其作用是，当显像管的束电流超过额定值时，产生一个控制电压，使图像亮度自动下降，这样即可保护荧光屏，又可避免高压电路过荷。

3．扫描信号形成

LA76810 内部设有 4.0MHz 行振荡电路，采用 PLL 锁相控制方式，振荡频率极为稳定，4.0MHz 行振荡频率经分频后，产生行扫描脉冲，从 27 脚输出，送至行激励电路。行脉冲经继续分频后，获得场脉冲，再转化为锯齿波从 23 脚输出，送至场输出电路。24 脚外接场锯齿波形成电容（C220 及 C222），能将场矩形脉冲转化为场锯齿波脉冲。26 脚外接行 AFC 滤波电路，由 R211、C230 及 C228 构成。30 脚输出 4.0MHz 时钟信号，可供 SECAM 解调电路用，因本机未设 SECAM 解调电路，故 30 脚经电容接地。

三、LA76810 的检修

1．LA76810 检修数据

LA76810 的引脚功能及检修数据见表 4-1。表中数据是在长虹 G2108 型彩电上测得的。

表 4-1　LA76810 引脚功能及检修数据

引脚	符　号	功　能	直流电压（V）		对地电阻（kΩ）	
			有信号	无信号	红笔接地	黑笔接地
1	AUDIO	音频信号输出	2.4	2.4	7.2	6.4
2	FM OUT	音频输出及去加重	2.4	2.4	6.7	6.6
3	IF AGC	中放 AGC 滤波	2.6	0.2	8.0	6.8
4	RF AGC	射频 AGC 电压输出	1.7	3.6	25.2	6.5
5	IF-IN	图像中频信号输入	2.8	2.9	7.2	6.8
6	IF-IN	图像中频信号输入	2.8	2.9	7.2	6.8
7	IF GND	中频电路接地端	0.0	0.1	0.0	0.0
8	IF Vcc	中频电路供电	5.0	5.0	0.5	0.4
9	FM FLTER	调频解调滤波	2.2	2.4	8.5	6.9
10	AFT OUT	自动频率控制电压输出	2.5	4.8	7.8	4.5
11	SDA	I²C 总线数据输入/输出	4.7	4.6	16.2	4.8
12	SCL	I²C 总线时钟输入	4.7	4.6	16.2	4.7
13	ABL	自动亮度限制电压输入	3.9	4.0	5.2	4.5
14	R IN	OSD-R 信号输入	0.8	0.9	7.8	6.6
15	G IN	OSD-G 信号输入	0.8	0.9	7.8	6.6
16	B IN	OSD-B 信号输入	0.8	1.5	7.8	6.6
17	BLANK IN	OSD 消隐脉冲输入	0.0	1.9	3.2	3.2
18	RGB Vcc	RGB 电路+9V 供电	8.0	8.0	0.5	0.5
19	R OUT	R 信号输出	1.8	1.2	5.3	6.4
20	G OUT	G 信号输出	1.8	1.2	5.3	6.4

续表

引脚	符　号	功　能	直流电压（V）		对地电阻（kΩ）	
			有信号	无信号	红笔接地	黑笔接地
21	B OUT	B 信号输出	1.8	2.5	5.3	6.4
22	ID	同步信号输出	0.4	0.3	8.2	5.5
23	VER OUT	场锯齿波输出	2.2	2.2	6.7	5.5
24	V RAMP ALC	场锯齿波形成电容外接端	2.8	2.8	7.9	6.8
25	H/BUS Vcc	行扫描/总线接口供电	5.0	5.0	8.3	4.4
26	AFC FILTER	行 AFC 环路低通滤波	2.6	2.6	9.5	6.8
27	HOR OUT	行激励脉冲输出	0.7	0.8	7.4	6.6
28	FBP IN	行逆程输入/沙堡脉冲输出	1.1	1.1	7.6	6.3
29	REF	行 VCO 参考电流设置端	1.6	1.6	4.6	4.7
30	CLK OUT	4MHz 时钟信号输出	0.9	2.5	10.2	4.8
31	1H DL Vcc	1H CCD 延迟线电路供电	4.5	4.5	0.5	0.5
32	1H DL VCC OUT	1H 延迟电路升压端	8.3	8.3	∞	4.6
33	1H DL GND	1H 延迟/行/总线电路接地	0.0	0.0	0.0	0.0
34	SECAM IN	SECAM（B-Y）信号输入	2.4	2.4	7.5	6.8
35	SECAM IN	SECAM（R-Y）信号输入	2.4	2.4	7.5	6.8
36	C AFC FILTER	色副载波 APC2 环路滤波	3.7	3.8	7.9	7.2
37	SECAM INTERFACE	SECAM 解调用副载波输出	2.2	1.1	7.4	6.4
38	X TAL	4.43MHz 晶体外接端	2.7	3.1	7.9	6.9
39	C AFC FILTER	色副载波 APC1 环路滤波	3.4	3.4	7.8	6.8
40	SEL VIDEO OUT	选择后视频信号输出	1.9	2.4	1.9	1.9
41	V/C/DEF GND	视频/色度/偏转电路接地端	0.0	0.0	0.0	0.0
42	EXT V IN/Y IN	外视频信号/Y 信号输入端	2.4	2.5	8.3	6.9
43	V/C/DEF Vcc	视频/偏转/色度处理电路供电	5.0	5.0	0.5	0.5
44	INT V IN/C IN	内视频信号/色度信号输入	2.7	2.8	8.2	6.8
45	BLACK STRECH	黑电平扩展检测滤波	3.1	3.1	7.5	6.9
46	VIDEO OUT	检波后视频信号输出	1.8	2.9	0.7	0.7
47	VCO FILTER	中频 PLL 环路低通滤波	3.6	3.3	8.2	6.7
48	VCO	中频 VCO 振荡线圈外接端	4.2	4.2	0.8	0.8
49	VCO	中频 VCO 振荡线圈外接端	4.2	4.2	0.8	0.8
50	PIF APC	图像中频 APC 滤波	2.3	1.9	8.2	6.8
51	EXT AUDIO IN	外（AV）音频信号输入	2.2	2.2	7.8	6.7
52	SIF OUT	第二伴音中频信号输出	2.1	2.0	8.3	6.7
53	SND APC	伴音解调 APC 环路滤波	2.2	2.3	8.0	6.7
54	SIF IN	第二伴音中频信号输入	3.1	3.2	8.5	6.9

2．LA76810 关键检测点

检修 LA76810 故障时，应注意以下几个关键引脚，通过测量这些引脚电压或波形，可以帮助判断故障部位及故障性质。

（1）25 脚电压

25 脚为行启振及 I²C 总线接口供电端，内置 5.0V 稳压管，可以直接使用+5V 电源为 25 脚供电，也可以用 8～12V 电源经限流电阻向 25 脚供电。为了防止纹波的影响，25 脚外部必须接有滤波电容。25 脚的正常电压为 5.0V，若该脚电压丢失，行扫描电路及 I²C 总线接口均不工作，产生三无现象。

（2）11 脚及 12 脚电压

11 脚和 12 脚为 I²C 总线输入端，正常工作时为 4.6V 左右，若 I²C 总线电压不正常，LA76810 也就不能正常工作，并产生黑屏现象，此时，扫描电路虽工作，但无光栅，若提高加速极电压，能出现带回扫线的光栅。

（3）8 脚电压

8 脚为内部中频电路供电端，采用+5V 电压进行供电，若供电丢失，中放电路就不会工作，产生无图无声现象。

（4）18 脚电压

18 脚为 RGB 电路供电端，内置 8V 稳压管，若供电不正常，会使内部 RGB 电路不工作，产生黑屏现象，此时，19 脚、20 脚及 21 脚均无电压输出。

（5）46 脚电压

46 脚为检波后视频信号输出端子，有信号时，此脚电压为 1.8V 左右，无信号时为 3.0V 左右。当机器出现无图像故障时，通过检测该脚电压可以判断有无视频信号输出。另外，该脚也可作为一个干扰点，在检修无图像故障时，通过干扰此脚（需取消蓝屏），可以区分故障是在 46 脚以前的电路，还是在 46 脚以后的电路中。

（6）28 脚电压

28 脚为行逆程脉冲输入脚，行逆程脉冲在 LA76810 内部可用于行中心位置调整、亮度钳位、色同步选通及行消隐等方面。当行逆程脉冲正常时，28 脚电压为 1V 左右，无行逆程脉冲输入时，28 脚为 2V 左右。

当 28 脚无行逆程脉冲输入时，所体现的故障现象比较多样，有的机器（如海信 76810 机心、长虹 CN-12 机心等）体现为黑屏或光栅极暗的现象，此时 19 脚、20 脚及 21 脚电压极低，末级视放管几乎处于截止状态；有的机器（如康佳 A10 机心）体现为屏幕右边（或左边）出现一条黑带现象，但图声仍正常。

（7）10 脚电压

10 脚为 AFT 电压输出端，在有信号时，若中频 PLL 环路处于锁定状态，则 10 脚电压约 2.5V 左右。在搜索节目时，该脚电压应大幅度摆动，若摆幅很小或不摆动，说明 PLL 环路不能准确锁定。在无信号时，10 脚电压为 4.8V 左右，因而 10 脚电压的变化规律可用来判断中频 PLL 环路的锁相情况；10 脚的静态电压可用来判断内部 AFT 电路的正常与否。

（8）5 脚和 6 脚电压

这两脚是中频信号输入端，正常时，这两脚的电压均为 2.8V 左右，若这两脚电压偏离正常值较多时，说明内部电路一定有问题。这两脚对地电阻也应相等，否则，说明内部电路有问题。另外，在检修无图无声故障时，这两脚可作为干扰点，在取消蓝屏后，通过干扰这两脚，可以缩小故障范围，确定故障部位。

（9）3 脚电压

3 脚是中放 AGC 滤波端，该脚电压在有信号和无信号时相差很大。在检修无图像或图像不清晰故障时，通过检测 3 脚电压可以大致判断中放电路及 AGC 电路的工作情况。

（10）1 脚和 2 脚

1 脚和 2 脚可作为两个干扰点，在检修无伴音故障时，通过干扰 1 脚和 2 脚就可判断故障是在伴音功放电路，还是在小信号处理电路。

3. LA76810 常见故障检修

（1）三无故障

出现三无故障时，应重点检查 LA76810 的行扫描电路，检修流程如图 4-3 所示。值得注意的是，如果 25 脚是通过限流电阻接在+8～+12V 电源上，则当限流电阻损坏后，应选用同阻值同功率的电阻替换，切勿任意改变阻值，否则有可能损坏内部电路。

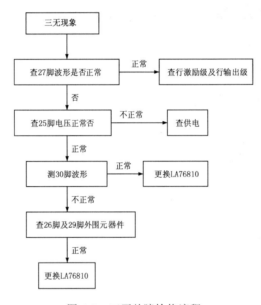

图 4-3 三无故障检修流程

（2）水平亮线故障

当出现水平亮线故障时，先用万用表的 R×100Ω 挡干扰场输出集成块的输入端，若水平亮线上下跳动，说明故障是因 LA76810 的场扫描电路工作不正常引起的。此时，只需对 24 脚和 23 脚的外部元器件进行检查即可，若这两脚的外部元器件正常，说明故障出在 LA76810 内部，应更换 LA76810。

（3）黑屏现象

产生黑屏现象的原因主要如下：

① 18 脚 RGB 供电电压不正常，导致内部 RGB 电路不工作，19 脚、20 脚及 21 脚无电压输出，引起末级视放管截止，产生黑屏现象。

② 11 脚和 12 脚 I^2C 总线电路有故障（如 11 脚或 12 脚外部电阻开路或内部总线接口电路损坏等），导致数据传输异常，产生黑屏现象。当 11 脚或 12 脚外部电路开路时，会引起这两脚电压下降，同时，19 脚、20 脚及 21 脚电压很低。

③ 28 脚无行逆程脉冲输入，导致内部钳位电路不正常，产生黑屏现象。当 28 脚有逆程脉冲输入时，电压为 1.0V 左右，无逆程脉冲输入时，电压上升到 2V 左右，同时，19

脚、20 脚及 21 脚电压很低。

顺便指出：

也有一些机型并未使用 28 脚输入的行逆程脉冲来充当钳位脉冲。此时，当 28 脚无行逆程脉冲输入时，不会出现黑屏现象，仅在屏幕的右（或左）边出现一条黑带（即消隐带）。

（4）无图无声故障

这种故障的特点是：开机后，屏幕呈蓝屏，无图像和声音。

碰到这种故障时，应先取消蓝屏功能（将 17 脚人为接地即可），再根据故障现象进行分析。

若取消蓝屏后，出现了清晰的图像，说明故障发生在电台识别电路。应查 22 脚有无同步信号输出，若 22 脚无同步信号输出，说明 LA76810 内部电路损坏；若 22 脚有同步信号输出，则查同步信号是否送到了 CPU 的电台识别端子（也就是检查 22 脚与 CPU 电台识别端子之间的电路）。

若取消蓝屏后，屏幕上出现了白净光栅，但仍无图像，说明故障出在中放通道。

若取消蓝屏后，屏幕上出现不清晰的图像，说明故障可能在中频 PLL 环路或 AGC 电路上。当然，调谐器故障也可能引起这种现象。无图无声故障检修流程如图 4-4 所示。

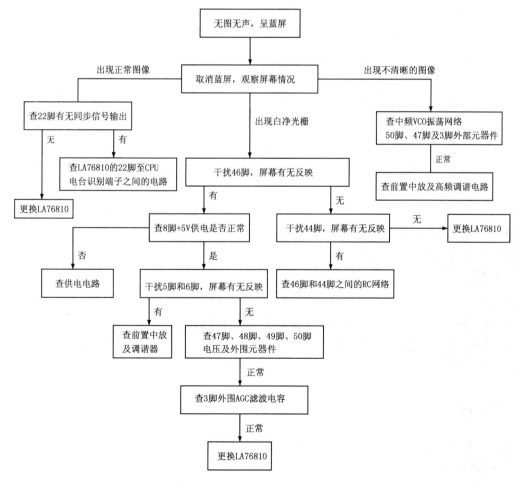

图 4-4　无图无声故障检修流程

（5）无彩色故障分析

这种故障体现为：只有清晰的黑白图像，但图像无彩色。

很明显，这种故障发生在色度通道，常见的原因有：

① 副载波再生电路有故障，导致副载波未能产生，可通过观测 38 脚的波形来判断。

② APC 电路有故障，导致副载波频率和相位不对，引起内部消色电路动作，可通过测量 36 脚、39 脚电压及检查它们外部元器件来判断。

③ 31 脚供电有问题，导致内部基带延时电路不工作。

④ LA76810 内部色度通道损坏。

无彩色故障检修流程如图 4-5 所示。

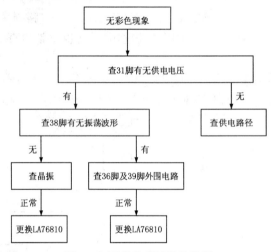

图 4-5　无彩色故障检修流程

（6）无伴音故障

当出现无伴音故障时（图像正常），先用万用表的 R×10Ω 挡干扰 1 脚，若扬声器有干扰声，说明故障是因 LA76810 的伴音中频通道工作不正常引起的。此时，可查 2 脚电容是否正常，若正常，则用镊子干扰 54 脚，若此时扬声器有干扰声，甚至出现了当地调频广播的声音，说明 LA76810 内部电路良好，故障应在 54 脚和 52 脚之间的电路上，以及 53 脚的外围电路上。若用镊子干扰 54 脚时，扬声器无干扰声，说明 LA76810 内部电路不良，应更换。

◢ 请你注意：

当 48 脚和 49 脚外部的中频 VCO 网络的谐振频率略偏离 38MHz 时，也有可能导致无伴音（或音量小且有杂音）的故障，但此时，还会伴随着全自动搜索不记忆，或部分台的记忆点不在最佳位置上的现象。在检修时，一定要注意观察。

四、学生任务

① 给学生每人配置 1 台实验机，先根据电路图清理底板上的小信号处理电路，直到理清全部线路为止。

② 对小信号处理电路进行测量，并将测量结果记录下来，填入任务书 1 中。

③ 教师设置故障供学生排除，并完成任务书 1。注意，一次只设置一个故障，排除后，再设置一个，反复训练。第 1、2 个故障需填写维修报告，其余故障需做维修笔记。

子项目 2：TB1231N/1238N 小信号处理器

TB1231N/1238N 是十分常用的单片数码小信号处理器，它经常与 TMP87CX38N 系列 CPU 配套使用，构成东芝"TB"单片机，长虹、康佳、TCL、创维、厦华、海信等厂商都曾推出过大量的"TB"单片机彩电。

一、TB1231N/1238N 介绍

1．结构框图

TB1231N（TB1238N）是日本东芝公司生产的大规模集成电路，其基本功能是完成中放、解码及行场扫描小信号处理，它采用双列直插 56 脚封装形式，内部结构如图 4-6 所示。

2．功能特点

TB1231N（TB1238N）具有以下一些特点。

① 具有 PAL/NTSC 制色度处理及自动制式识别功能。

② 采用单一晶体，利用变频技术实现色副载波再生。

③ 采用 PLL 图像解调方式，灵敏度高，噪声小。

④ 内置视频信号选择开关（2 路输入，1 路输出）及音频信号切换开关。

⑤ 内含色度信号陷波器和亮度延时线。

⑥ 采用免调试行振动电路，通过分频获得行、场扫描脉冲。

⑦ 能自动识别 50/60Hz 场频，并自动完成转换。

⑧ 具有黑电平延伸、延迟型清晰度控制及沙堡脉冲形成功能。

⑨ 具有 R、G、B 输入接口及 AV 输入/输出接口。

⑩ 采用 I^2C 总线控制技术，消除了硬件调试点。

TB1238N 是 TB1231N 的改进产品，它的中频电路与 TB1231N 略有区别，其余电路皆相同。TB1238N 性能比 TB1231N 更完善，TB1238N 的引脚排列顺序与 TB1231N 完全相同，互相之间可直接代换，有些电视机的线路图上虽然标为"TB1231N"，但实际使用的却是 TB1238N。

二、TB1231N/1238N 信号流程

参考 TB1231N/1238N 内部框图。

1．中频通道信号流程

中频信号经声表面滤波器后送入 6 脚和 7 脚，经内部电路放大和解调后从 47 脚输出彩色

全电视信号（即复合视频信号）和第二伴音中频信号。47 脚输出的彩色全电视信号和第二伴音中频信号经陶瓷选频后，分离出第二伴音中频信号送入 53 脚，由伴音中频通道处理后，获得音频信号，再与 55 脚输入的 AV 音频信号进行切换，切换后的信号最终从 2 脚输出。

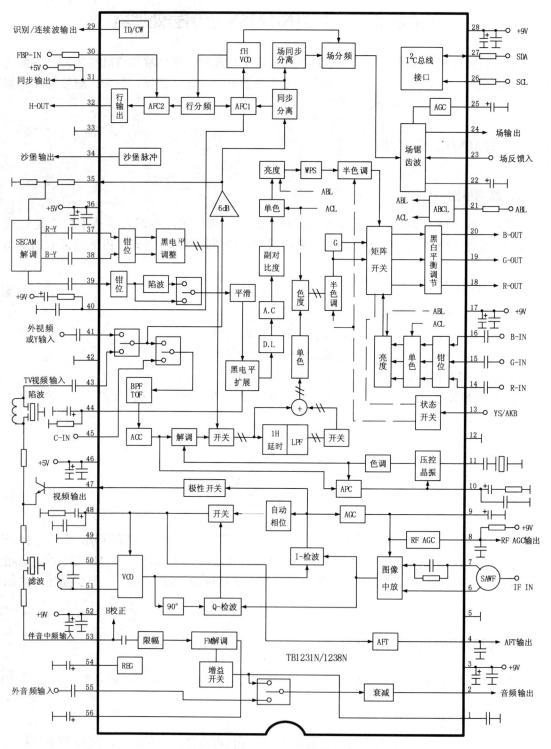

图 4-6　TB1231N/TB1238N 内部框图

2．解码电路信号流程

47 脚输出的彩色全电视信号和第二伴音中频信号，经陶瓷陷波后，抑制掉第二伴音中频信号，分离出彩色全电视信号送入 43 脚，先与 41 脚输入的 AV 视频信号或 41 脚和 45 脚输入的 Y/C 信号进行切换，选出一路视频信号进行解码处理，最终获得 R、G、B 信号，分别从 18 脚、19 脚及 20 脚输出。

35 脚是 TV/AV 切换后的视频信号输出端，输出的视频信号可送出机外，也可送入 SECAM 解调器，当信号制式为 SECAM 制时，SECAM 解调器工作，并把视频信号解调成 R-Y 和 B-Y 信号，分别送入 38 脚和 37 脚。

3．扫描电路信号流程

由内置行振荡器产生的振荡脉冲经分频和两级 AFC 锁相后，产生行频脉冲从 32 脚输出，送往行激励电路。行频脉冲经继续分频后，产生场频脉冲，再转化为锯齿波脉冲从 24 脚输出，送往场输出集成块。

三、TB1238N 的检修

1．TB1238N 检修数据

TB1238N 各脚功能及检修数据见表 4-2，表中数据是用 MF47 型万用表在海信 TC-2139AD 型彩电中测得的。

表 4-2　TB1238N 引脚功能及检修数据

引脚	符　号	功　能	电压（V）		对地电阻（kΩ）	
			有信号	无信号	红笔接地	黑笔接地
1	DEEMP	去加重端，兼音频输出	5.0	5.0	8.5	7.5
2	AUDIO OUT	音频信号输出端	3.5	0.0	10.8	6.2
3	IF VCC	中频电路供电端	9.1	9.0	0.6	0.3
4	AFT OUT	AFT 电压输出端	2.5	4.5	8.5	6.8
5	IF GND	中频电路地端	0.0	0.0	0.0	0.0
6	IF IN	中频信号输入端 1	1.7	1.7	10.4	7.2
7	IF IN	中频信号输入端 2	1.7	1.7	10.3	7.2
8	RF AGC	RF AGC 输出端	4.1	8.5	8.9	7.5
9	IF AGC	中放 AGC 滤波端	4.3	5.6	9.5	7.5
10	APC	APC 滤波端	2.3	2.1	9.2	7.3
11	XTAL	接 4.43MHz 晶体	3.6	3.5	125	7.4
12	Y/C GND	Y/C 电路接地端	0.0	0.0	0.0	0.0
13	YS/YM/AKB	字符挖框信号输入端	0.0	0.1	1.0	1.0
14	R	OSD-R 信号输入端	2.5	2.1	12.2	7.4
15	G	OSD-G 信号输入端	2.5	2.1	12.2	7.4
16	B	OSD-B 信号输入端	2.5	2.5	12.2	7.4
17	RGB VCC	RGB 电路供电端	9.1	9.0	0.6	0.7

引脚	符　号	功　能	电压（V）		对地电阻（kΩ）	
			有信号	无信号	红笔接地	黑笔接地
18	R	R 信号输出端	2.4	2.0	8.7	7.3
19	G	G 信号输出端	2.4	1.6	8.7	7.3
20	B	B 信号输出端	2.4	2.6	8.7	7.3
21	ABCL	ABL/ ACL 电压输入端	6.0	6.0	9.5	7.4
22	V-RAMP	场锯齿波形成端	4.4	4.1	16.5	7.7
23	NFB	场负反馈输入端	5.1	4.7	10.9	7.3
24	V- OUT	场激励信号输出端	0.9	0.8	1.2	1.2
25	V-AGC	场 AGC 滤波端	1.8	1.7	14.4	6.6
26	SCL	I^2C 总线时钟端	3.9	4.7	8.7	5.8
27	SDA	I^2C 总线数据端	4.0	4.7	9.3	5.8
28	H VCC	行启振供电端	9.2	9.2	3.1	3.1
29	SID/CW	识别信号/FSC 输出端	3.8	2.2	14.5	7.5
30	FBP IN	行逆程脉冲输入端	0.5	1.3	9.8	6.5
31	SYNC OUT	复合同步信号输出端	4.2	3.8	4.2	4.3
32	H OUT	行激励脉冲输出端	2.1	2.1	0.6	0.6
33	DEF GND	偏转电路接地端	0.0	0.0	0.0	0.0
34	SCP OUT	沙堡脉冲输出端	1.4	2.9	14.7	7.5
35	VIDEO OUT	视频信号输出端	5.0	2.6	2.1	2.1
36	DIG VDD	数字电路+5V 供电端	5.1	5.2	3.4	3.2
37	B-Y IN	SECAM 制 B-Y 信号输入	2.5	2.5	10.5	7.6
38	R-Y IN	SECAM 制 R-Y 信号输入	2.5	2.5	10.5	7.6
39	Y IN	Y 信号输入	2.8	2.8	13.4	7.6
40	H AFC	行 AFC 滤波端	7.2	7.6	13.1	7.5
41	EXT Y IN	外视频或 Y 输入端	1.7	1.7	10.4	7.5
42	DIG GND	数字电路接地端	0.0	0.0	0.0	0.0
43	TV VIDEO IN	TV 视频输入端	3.1	3.0	10.3	7.5
44	BLACK DET	黑电平检测滤波端	1.9	2.9	11.1	7.6
45	C.IN	外部 C 信号输入端	2.9	3.3	10.3	7.6
46	Y/C VCC	Y/C 电路+5V 供电端	5.1	5.1	1.4	1.4
47	IF DET	视频信号输出端	3.7	3.9	1.0	0.9
48	LOOP FILTER	环路滤波器外接端	4.7	4.7	9.6	7.5
49	VCO GND	VCO 电路接地端	0.0	0.0	0.0	0.0
50	VCO	VCO 振荡端	8.1	8.1	1.2	1.2
51	VCO	VCO 振荡端	8.2	8.2	1.2	1.2
52	VCO VCC	VCO 电路供电端	9.1	9.0	0.6	0.6
53	SIF IN	伴音中频输入	4.8	4.9	10.5	7.5
54	REG	纹波滤波器外接端	5.6	5.6	7.6	7.6
55	AUDIO IN	外音频信号输入端	4.2	4.2	10.5	7.5
56	FM DCNF	直流反馈滤波器端	4.2	4.2	11.6	6.8

2．TB1238N 的关键检测点

（1）3 脚和 52 脚电压

3 脚为图像中频电路供电端，正常电压为 9V，若供电电压丢失，中放电路会停止工作，产生无图、无声现象，但光栅及字符均正常。

52 脚为中频 VCO 及伴音中频电路供电端，正常电压为 9V，若供电电压丢失，也会引起上述现象。

（2）17 脚电压

17 脚为内部 RGB 电路供电端子，正常电压为 9V，若电压丢失，会使 RGB 电路不工作。此时，18、19 及 20 脚输出的电压几乎为 0，整机出现黑屏现象，但提高加速极电压后，能看到带回扫线的光栅。

（3）28 脚电压

28 脚为行启振供电端，为内部扫描电路供电，正常电压为 9V。当 28 脚电压低于 5.5V 时，32 脚就停止行脉冲输出，行扫描电路停止工作，产生三无现象。若 28 脚电压低于 9V，但高于 5.5V 时，虽然 32 脚有行脉冲，但幅度下降，此时易产生行激励不足的现象。

（4）36 脚电压

36 脚为 I²C 总线接口供电端子，正常电压为 5V。若此电压丢失，I²C 总线接口会不工作，整机产生三无现象。

（5）46 脚电压

46 脚为内部 Y/C 电路进行供电，供电电压为+5V。若此电压丢失，Y/C 电路不工作，出现无图无声现象，但字符显示正常。

（6）21 脚电压

该脚电压决定 ABCL（自动亮度/对比度控制）电路是否启控及启控的程度，正常工作时，该脚电压约为 6V 左右，此时，ABCL 电路不启控，屏幕亮度适中。若 21 脚电压越低，ABCL 电路的控制作用就越强。在检修图像过暗甚至黑屏故障时，21 脚电压是关键。通过检测 21 脚电压，就可了解故障是否由 ABCL 电路引起。当 21 脚电压远低于正常值时，ABCL 电路就会启控，使图像亮度下降，甚至变成黑屏。实践表明，当 21 脚电压偏低时，一般是因 21 脚外部电路故障引起的。

（7）4 脚电压

4 脚是 AFT 电压输出端，在静态时，该脚电压为 4.5V 左右；在有信号时，该脚电压为 2.5V 左右。在自动搜索节目时，该脚电压在 0.3～4.7V 之间大幅度摆动。4 脚电压可以反映内部中频锁相环路的工作情况。在自动搜索时，若 4 脚电压不摆动或摆幅小，就会出现自动搜索不记忆的现象。此时，应对 50 脚和 51 脚外部的图像中周（中频 VCO 网络）进行检查。

（8）31 脚电压

31 脚是同步信号输出脚，采用开路集电极输出方式，外部需要连接上拉电阻。31 脚输出的同步信号送至 CPU，充当电台识别信号。当 31 脚无同步信号输出时，机器就会显示蓝屏，同时还会出现无信号自动关机现象。

31 脚有无同步信号输出，可通过测量直流电压来判断；若 31 脚电压为 3.6V 左右，说明无同步信号输出；若 31 脚接近 5V，说明有同步信号输出；若 31 脚电压为 0V，说明其外部上拉电阻断开。

（9）47 脚

47 脚为复合视频信号输出端，该端电压能反映内部电路正常与否。该端可作为一个干扰点，当取消蓝屏后，通过干扰该端就能区分故障部位。例如，在检修无图无声故障时，若干扰该端，屏幕有明显反映，说明故障在中频通道或高频调谐电路上；若干扰该端，屏幕无反应，说明故障在 47 脚之后的电路，即解码电路。

（10）23 脚电压

该脚是场反馈输入端，它与场输出电路相连，接收场输出电路送回的交、直流反馈电压。在检修水平亮线故障时，此脚是关键检测点，若该脚直流电压很低，说明外部反馈电路很可能断开或场输出电路有故障。

（11）一些重要引脚的波形

TB1231N/1238N 的一些重要引脚的波形如图 4-7 所示。若手头有示波器的话，则通过检测这些引脚的波形可以准确地锁定故障部位。

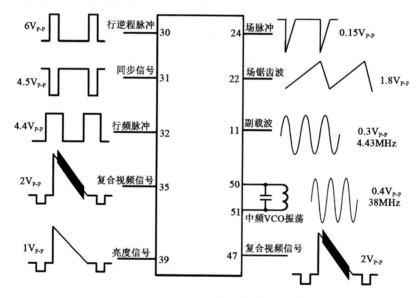

图 4-7　TB1231N/1238N 的一些重要引脚的波形

3. 常见故障的检修

（1）无图、无声故障检修

这种故障表现为光栅正常，字符显示也正常，但收不到图像和伴音。故障根源一般在中频电路或内/外视频切换电路。检修时，可先用 AV 信号试机，若 AV 状态正常，说明故障是由中频电路引起的，应重点检查 3 脚及 52 脚的供电电压，若供电正常，再查中放通道的外部元器件，检修流程如图 4-8 所示。

（2）图像正常，无伴音

出现这种故障时，可先用 AV 信号源试机，若 AV 状态也无伴音，说明故障发生在 2 脚之后的电路，即伴音功放电路，而与 TB1238N 关系不大。若 AV 状态伴音正常，说明故障出在伴音中频通道。此时，可用镊子碰触 53 脚，听扬声器中有无响亮的干扰声发出。若有干扰声，说明中放通道基本正常，应着重检查 53 脚与 47 脚之间的电路是否正常；若无干扰声，应查 1 脚和 56 脚外部电容是否击穿，若未击穿，应更换 TB1238N。

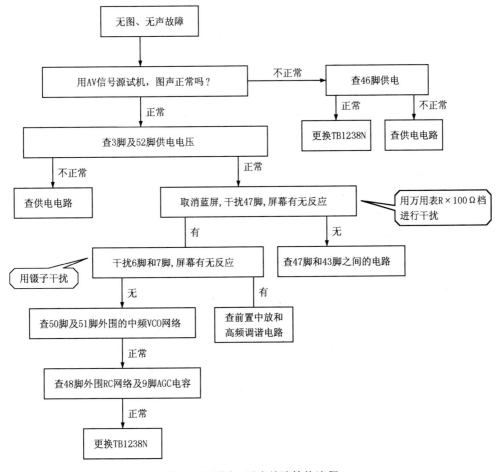

图 4-8 无图、无声故障检修流程

附带说一句，53 脚与 47 脚之间通常接伴音高通滤波器及伴音选频网络，当选频网络的选频特性发生变化或制式切换不正常时，有时会出现伴音中夹杂着噪声的现象。

（3）无亮度信号故障检修

当亮度信号丢失后，会出现彩电暗影现象，此时，若将色度调到最小，图像也就随着消失。

无亮度信号故障是因亮度处理电路引起的，应着重检查 39 脚与 35 脚之间的电路，若正常，就应更换 TB1238N。

✎ 提醒你：

当 44 脚外围元器件不正常或 21 脚外围电路有故障而引起 ABCL 启控过早时，图像亮度及对比度会下降，图像的层次感也会变差，这种现象与无亮度信号现象是有区别的，检修时，应注意区分。

（4）无彩色故障检修

无彩色故障现象是因色度通道出现异常而引起的，检修前，应先检查彩色制式设置是否正确，若制式设置正确，则重点检查 11 脚外围的晶体振荡网络及 10 脚外围的 APC 电路，若这些电路均正常，就得更换 TB1238N。

（5）三无故障的检修

三无现象是因行电路工作不正常引起的，检修时，先查 28 脚有无行启振供电电压，若供电正常，再查 32 脚有无行脉冲输出。若 32 脚有正常的行脉冲输出，就应查行推动电路和行输出电路。

若 32 脚无行脉冲输出时，则应查 36 脚供电是否正常。

若 36 脚供电正常，就查 26 脚及 27 脚上的 I²C 总线电压是否正常，若这些电压也正常，说明 TB1238N 损坏，应更换。

（6）场电路故障检修

若故障为水平亮线时，应检查 23 脚有无场反馈信号输入（通过检测直流电压便可得知），当 23 脚无反馈信号输入时，内部场电路就会停止工作，使 24 脚无场锯齿波输出，产生水平亮线现象。值得注意的是，场反馈信号是否正常，又取决于场输出电路的工作情况，若场输出电路损坏或偏转线圈开路，也会导致 23 脚无反馈信号输入，从而使 24 脚无场锯齿波输出。这时很容易误判为 TB1238N 损坏。

◢ 教你一招：

当 24 脚无场锯齿波输出时，可将 23 脚外部电路断开，然后在 23 脚外部接一分压电路，如图 4-9 所示。若此时 24 脚有场锯齿波输出，说明故障在场输出电路，若此时 24 脚仍无输出，说明故障在 TB1238N 或其外部电路。

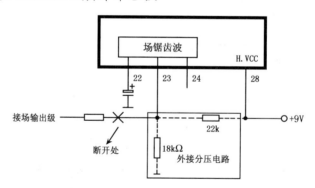

图 4-9　在 23 脚外部接分压电路

若故障为场线性不良，可先调后修，先进入维修模式，调整场线性（并结合调整场幅），看能否排除故障，若未能排除故障，再查 22 脚外围的场锯齿波形成电容及场输出电路中的线性补偿网络。

若故障体现为场幅变大或变小的现象，也应先调后修，先进入维修模式，调整场幅，看能否排除故障，若场幅调满后，场线性也发生变化，则可结合场线性进行调整，看能否获得满意的效果。通过调整后，还是未能解决问题，说明场输出电路有故障，应着重检查场输出电路中的自举升压电容及线性补偿网络。

（7）黑屏故障的检修

黑屏现象是指行电路已工作，显像管灯丝也亮，但屏幕无光，伴音却正常。

产生这种现象时，应重点检查 17 脚供电是否正常及 30 脚有无行逆程脉冲输入。当 17

脚供电电压不正常或 30 脚无逆程脉冲输入时，TB1238N 内部的 RGB 电路就不会正常工作，导致无 RGB 信号输出（18 脚、19 脚及 20 脚输出电压很低），末级视放管处于截止状态，显像管阴极电压升高，电子枪截止。

四、学生任务

① 给学生每人配置 1 台实验机，先根据电路图清理底板上的小信号处理电路，直到理清全部线路为止。

② 对小信号处理电路进行测量，并将测量结果记录下来，填入任务书 1 中。

③ 教师设置故障供学生排除，并完成任务书 1。注意，一次只设置一个故障，排除后，再设置一个，反复训练。第 1、2 个故障需填写维修报告，其余故障需做维修笔记。

情境  显像管组件及灯座板

【主要任务】 本情境任务有三：一是让学生了解显像管组件；二是掌握管座漏电故障的检修；三是掌握末级视放电路的关键检测点及常见故障的检修方法，并能独自处理末级视放电路的常见故障。

项目教学表

项目名称：显像管组件及灯座板		课　时	
授课班级			
授课日期			

教学目的：

　　通过教、学、做合一的模式，使用任务驱动的方法，使学生了解显像管组件，掌握管座漏电故障的检修及末级视放电路的检修。

教学重点：

　　讲解重点——末级视放电路的分析；

　　操作重点——末级视放电路的检修。

教学难点：

　　理论难点——关机消亮点电路分析；

　　操作难点——末级视放电路的检修。

教学方法：

　　总体方法——任务驱动法。

　　具体方法——实物展示、讲练结合、手把手传授、归纳总结等。

教学手段：多媒体手段、实训手段等。

	内　　容	课　　时	方法与手段	授课地点
课时分配	一、显像管组件	1	讲练结合；多媒体、实训手段	多媒体实训室
	二、显像管消磁电路	1		
	三、灯座板	6（理论2；实训4）	讲授、师徒对话、演示、讲练结合、手把手传授、归纳总结等方法；多媒体、实训手段	多媒体实训室
教学总结与评价				

任务书——灯座板

项目名称	灯座板	所属模块	显像管组件及灯座板	课　时	
学员姓名		组　员		机　号	

教学地点：

1. 根据电路图清理灯座板电路，直到理清全部线路为止。

2. 识别显像管引脚，画出显像管引脚图，标出各电极名称。

3. 测量显像管灯丝电阻、灯丝电压（交流挡测量）及加速极电压（直流挡测量）。
灯丝电阻：_____；灯丝电压：_____；加速极电压：_____
4. 测量三个视放管的各级电压，并将测量结果记录下来，填入表 1 中。

表 1　视放管电压

功　能	序　号	型　号	U_B	U_C	U_E
R 视放管					
G 视放管					
B 视放管					

5. 教师设置灯座板故障供学生检修，并完成任务书。注意，一次只设置一个故障，排除后，再设置一个，反复训练。第 1、2 个故障需填写维修报告，其余故障需做维修笔记。

表 2　故障 1 维修报告

故障现象	
故障分析	
检修过程	
检修结果	

	表 3 故障 2 维修报告	
故障现象		
故障分析		
检修过程		
检修结果		

其余故障的维修笔记：

教学效果评价	学生评教	学生对该课的评语：	
		总体感觉： 很满意□ 满意□ 一般□ 不满意□ 很差□	
	教师评学	过程考核情况	
		结果考核情况	
		评价等级： 优□ 良□ 中□ 及格□ 不及格□	

教　学　内　容

　　显像管灯座板上安装有管座、显像管附属电路及末级视放电路。这部分电路的故障率也比较高，且故障特征比较明显，往往比较容易判断。

一、显像管组件

1．显像管组件解剖图

　　显像管组件包括显像管及安装在显像管上的消磁线圈、偏转线圈、色纯与会聚磁环等。将上述各部件沿显像管的中心轴线拆开，则可清晰地看到各部件的结构，如图 5-1 所示。

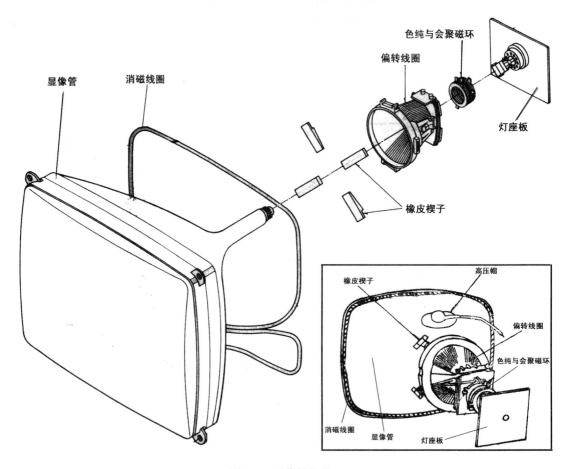

图 5-1　显像管组件

　　消磁线圈套在显像管的锥体上，其任务是在开机后的瞬间，对显像管进行一次消磁。

　　偏转线圈套在显像管的管颈与锥体的交界处，它与显像管锥体之间通过 3～4 个橡皮楔子来固定，它与显像管的管颈之间通过一个带有螺钉的金属环来固定。

　　色纯与会聚磁环套在显像管的管颈上，通过一个带螺钉的金属环来固定。

显像管的尾部是显像管的引脚，灯座板就插在显像管的引脚上。

2．彩色显像管的检测

（1）如何判断彩色显像管的好坏

彩色显像管的好坏可用电压测量、电流测量及电阻测量来判断。在通电的情况下，如果灯丝不亮，只要测量灯丝两脚上的电压是否正常，就可判断灯丝有无烧断。若灯丝两端有正常电压，而灯丝不亮，说明灯丝断路。若灯丝被点亮而无光栅，可通过测量显像管各极电压来判断，若各极电压正常，则一定是显像管有故障。另外，可用万用表的电流挡测量显像管的阴极电流来判断显像管的好坏。当把亮度调至最大时，显像管正常发射电流值应为 0.3～0.7mA，如果电流在 0.3mA 以下，表明显像管衰老（老化）。

显像管灯丝电阻一般在 10Ω以下，如果测得的电阻值很大，甚至为无穷大，说明灯丝接触不良或断路。除了灯丝引脚之间的电阻很小之外，显像管其他任意电极之间的电阻均应为无穷大，否则，说明有碰极现象。

显像管衰老程度，也可在加灯丝电压的情况下，通过测量栅极与阴极之间的电阻来判断。用万用表电阻挡（红表笔接阴极，黑表笔接栅极）测量，如图 5-2 所示。正常情况下阻值约为 10kΩ以下。若阻值为数十千欧，就表示显像管发射电子能力减弱，测得的阻值越大，表明其衰老越严重。

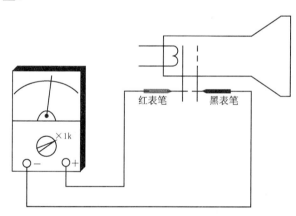

图 5-2　用万用表电阻挡检测显像管是否衰老

（2）彩色显像管的故障处理方法

彩色显像管出故障时，常会造成图像的彩色失真、图像质量下降、光栅异常、甚至无光栅等故障现象。由于彩色显像管价格昂贵，一旦出现问题，不要急于报废，应进行尝试性的维修。事实上有许多类型的故障通过适当的方法是可以修复的，从而使显像管的寿命得以延长。下面介绍彩色显像管各类故障的处理方法。

① 漏气。

这种故障现象一般表现为无光栅。检查彩色显像管是否漏气，只要仔细观察显像管颈部。当显像管漏气时，管颈内部有蓝光闪烁。对于显像管漏气故障，只能更换显像管才能解决。

② 衰老。

彩色显像管衰老的原因很多，常见的原因是使用日久而形成的自然衰老，主要表现在阴极发射电子的能力下降和荧光粉发光效率下降等方面。此时的现象是图像亮度变暗、对比度变差、聚焦变差、底色偏色等。

判断显像管衰老的方法是：给灯丝加上正常电压，其余电极断开，用万用表 R×1k 挡测量，红表笔接阴极，黑表笔接栅极。若电阻小于 10kΩ则认为是正常；电阻达到数十 kΩ表明显像管衰老，但图像质量下降不多，仍能凑合着使用；电阻大于100kΩ表明严重衰老，此时图像质量会明显下降。在检测显像管是否衰老时，三个枪要分别测试。

通过检测后，如果发现某一枪衰老，就可进行激活处理，方法是：把灯丝电压从 6.3V 提升到 9V 左右，并在栅极上加 5V 左右的正电压保持4～7 分钟，重复此过程2～3 次，即可激活相应的阴极。对于衰老严重的显像管，可将栅极电压提高到 10V 来进行激活。

若通过激活处理后，仍不能获得较好的效果，则可直接将灯丝电压提高到 8～10V，并在灯丝供电回路中串一个 2Ω/2W 的电阻，以防止开机浪涌电流对灯丝的冲击，这样做一般会获得良好的效果，但需重调一下聚焦电压。

③ 碰极。

在显像管的各个电极中，阴极与灯丝之间距离最近，因而碰极的可能性最大，其次是栅极与阴极相碰，栅极与加速极相碰。

当灯丝与某一枪的阴极相碰时，该枪阴极电压将明显下降（因为灯丝一端往往接地），此时束电流大大增加，导致屏幕出现单色光栅的现象，使亮度失控，且满屏回扫线。当栅极与阴极相碰时情况亦是如此。但栅极和加速极相碰时，则会出现光栅变暗和底色变差的现象，严重时，还会出现无光栅现象。

除灯丝的两脚相通之外，显像管其余各极之间均应不通，阻值为无穷大。用万用表电阻挡检测其余各极时，若出现短路或有一定阻值的现象时，说明存在碰极现象。

当灯丝与阴极相碰时，可用独立灯丝供电的方法来解决。即在行输出变压器的磁芯上用铜芯塑包线绕 5 匝左右，串入一个 1.5～2.7Ω的电阻，直接给灯丝供电，不要接地，如图 5-3 所示。

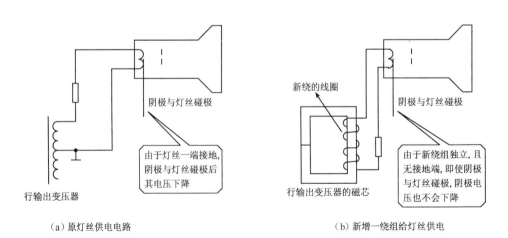

（a）原灯丝供电电路　　　　　　　（b）新增一绕组给灯丝供电

图 5-3　灯丝供电电路

当栅极与阴极相碰时，或栅极与加速极相碰时，可用一个 100μF/400V 的电容充上100～300V 电压后，反复电击所碰的电极，直至烧断为止。

④ 断极。

显像管断极通常是由电极引线与管脚脱开引起的。当某条阴极断开时，屏幕会缺少相应的基色；当高压阳极断开或加速极断开时会出现无光栅现象；当栅极断开时会出现亮度变亮且失控的现象（同时有回扫线）；当聚焦极断开时，则图像会变得模糊不清和散焦。

显像管断极后，一般无法修复，只能更换。

⑤ 管内打火。

当显像管内出现打火时，管内会出现紫红色光，有时还可听到打火时的"啪、啪"声。此时图像上会出现密集的白条或白点干扰。打火现象常发生在高压阳极和加速极或聚焦极之间，其他电极间的打火并不多见。

当显像管出现打火时，一般易损坏外部电路。如果打火不严重，只是偶然出现，可采取加强外围电路的保护措施来解决，或者降低打火电极的电压，这可能会带来一些负面影响，但通过对电路进行适当的调整一般也会解决。如果打火非常严重，"啪、啪"声不断，那就只能更换显像管了。

（3）彩色显像管的各极电压

目前彩色显像管都是自会聚管，根据颈管的粗细来分，可分为细管颈显像管和粗管颈显像管。前者的管颈为 22.5mm，后者的管颈为 29.1mm（极少数为 36.5mm）。细管颈显像管与粗管颈显像管相比，其灯丝电流、行偏转功率、场偏转功率都要小，且偏转线圈的重量也要轻，因而细管颈显像管应用比较广泛。

彩色显像管的各极电压随屏幕尺寸、管颈等参数的不同而不同。一般来说，灯丝电压、阴极电压及栅极电压基本相同，阳极电压及聚焦极电压随屏幕尺寸增大而增大。对于屏幕尺寸相同的显像管来说，细管颈显像管的加速极电压和聚焦极电压都要比粗管颈显像管高。

一般来说，彩色显像管（小屏幕）各极电压如下：

灯丝电压为 6.3V（灯丝电流：细管颈为 300mA 左右；粗管颈为 600～680mA）

阴极截止电压：100～150V

加速极电压：300～1000V

栅极电压：0V

聚焦极电压：4500～8800V

阳极高压：20kV。

二、显像管消磁电路

1．消磁电路的结构及工作过程

显像管消磁电路的作用是在开机后的瞬间向消磁线圈提供一个逐步减小到零的交流电流，使消磁线圈产生一个由大到小，最后到零的磁场，从而对显像管的金属部件进行一次彻底的消磁。

根据消磁电阻的结构不同，显像管消磁电路有两种形式，如图 5-4 所示。消磁线圈套在显像管的锥体部位，RT 为消磁电阻，它是一个正温度系数的热敏电阻（又称 PTC 元件），其阻值随温度的升高而急剧增大。通电后，220V 交流电压经消磁电阻 RT 送入消磁线圈中。刚通电时，因 RT 的温度低，故 RT 的阻值小，流过消磁线圈的交流电流大，产生的磁场也强。当 RT 中有较大的电流流过后，RT 开始发热，温度上升，其阻值也迅速增大，从而使流过消磁线圈的交流电流也迅速减小，并逐步趋向于零。这样，消磁线圈产生的磁场也迅速减小，并逐步趋向于零。显像管内金属部件被这个逐步趋向于零的交变磁场反复磁化，其上的剩磁最终减小到零，使显像管内金属部件得到彻底的消磁。消磁过程仅发生在开机后的一段较短的时间内。

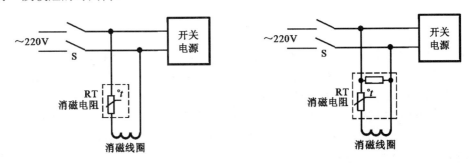

图 5-4　显像管消磁电路

2．消磁电阻

消磁电阻是一种正温度系数热敏电阻，其阻值一般在 9～27Ω之间，主要规格有 9Ω、12Ω、14Ω、15Ω、18Ω、20Ω、27Ω等。它可分为二端消磁电阻（两个脚）和三端消磁电阻（三个脚）两种类型，如图 5-5 所示。图 5-5（a）是二端消磁电阻，其内部仅仅封装了一个正温度系数热敏电阻 PTC。图 5-5（b）是三端消磁电阻，其内部封装了一个正温度系数热敏电阻 PTC 和一个保温电阻。保温电阻的作用是在消磁结束后继续发热，从而确保 PTC 的温度和阻值恒定不变。图 5-5（c）是消磁电阻的温度特性曲线，在冷态时，消磁电阻的阻值很小，当电流流过时，消磁电阻的温度上升，其阻值也急剧上升。消磁电阻外壳上所标的阻值是冷态阻值。

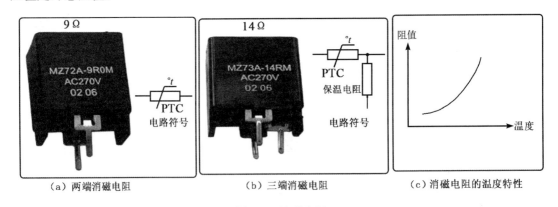

（a）两端消磁电阻　　　　　（b）三端消磁电阻　　　　　（c）消磁电阻的温度特性

图 5-5　消磁电阻

3．消磁电路的检修

当消磁电路出现故障时，荧光屏上会出现色斑现象，即使将色饱和度调至最小，色斑也不会消失。消磁电路故障通常是因消磁电阻损坏、开路或消磁线圈插头松脱引起的，一般比较容易处理。

消磁电阻在冷态时，其阻值很小，等于标称阻值，当温度上升时，阻值急剧上升，最终上升到几十 kΩ。如果在冷态时，测得消磁电阻的阻值就很大，说明损坏。当消磁电阻损坏时，一般不对其维修，而是直接更换。最理想的是用同型号或用同阻值的新品更换。如无同型号配件时．也可用阻值相近的其他消磁电阻代换。例如，15Ω的消磁电阻损坏后．可以用 18Ω或 12Ω的消磁电阻代换。如此代换后，消磁电路一般是可以正常工作的。

教你一招：

　　三端消磁电阻损坏后，可以应急用阻值相近的两端消磁电阻代换。按三端消磁电阻的 PTC 阻值选取一只两端消磁电阻，拆下损坏的三端消磁电阻，将两端消磁电阻焊装在原 PTC 的位置上即可。

　　消磁线圈套在显像管的锥体部位，消磁线圈自身损坏的现象非常少，且很容易用万用表的电阻挡进行判断。

三、灯座板

1．灯座板简介

　　图 5-6 为灯座板实物图，其上装有管座、末级视放电路及显像管的附属电路等。

图 5-6　灯座板实物图

2．显像管的管座

　　为了使彩色显像管的各极获得相应的电压，在灯座板上必须安装一个管座，通过管座方能将相应的电压提供给显像管的各极，图 5-7 是彩色显像管的管座实物图。

　　由于彩色显像管的电极较多，所需的电压又较高，所以彩色显像管的管座质量特别重要，它会直接影响到光栅和图像的好坏。实践表明，彩色显像管的管座是故障的多发部位，管座使用一段时间后，易出现漏电现象。当管座漏电后，每次开机都会出现图像模糊的现象，需要经过几分钟甚至十几分钟后，图像才清晰。此时只要更换管座，故障就立即排除，如图 5-8 所示。

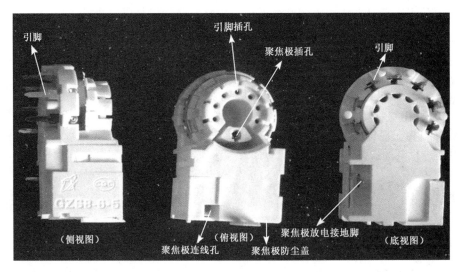

图 5-7　彩色显像管的管座实物图

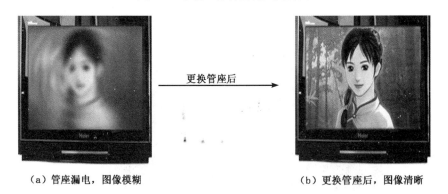

（a）管座漏电，图像模糊　　　　　　　　　（b）更换管座后，图像清晰

图 5-8　管座更换前后的图像

◁ 教你一招：

在实际检修中，若购不到相同规格的管座时，可通过清洗的方法来修复管座。方法是，将原管座拆下，用清水加适量洗洁精浸泡管座数分钟；然后用一把牙刷将管座里里外外清刷干净，就连聚焦盒也必须打开进行清刷；完毕后，用电吹风吹干，再将其放在阳光下暴晒或放入火箱中烘烤十几分钟，等到管座完全干透后，才能装入电路。采用这种方法处理后，效果十分明显，丝毫不亚于新管座。

3．末级视放电路

小信号处理器输出的 R、G、B 三基色信号幅度往往较小，必须经末级视放电路进行电压放大，才能激励显像管工作。末级视放电路可以由分立元件构成，也可以由集成电路构成。

（1）末级视放电路的结构

图 5-9 是一种由分立元件构成的末级视放电路，V901 用于 R 基色放大，R 信号从

V901 基极输入，经电压放大后，从集电极输出，再经 R917 送至显像管的 R 阴极。V902 和 V903 分别用于 G 基色和 B 基色放大，C901、C902 和 C903 为高频补偿电容。

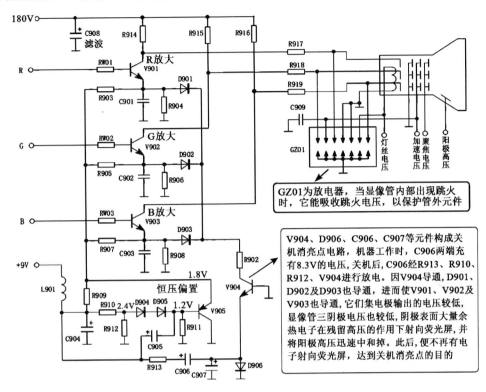

图 5-9　末级视放电路

　　V905 及周边元器件构成恒压偏置电路，为三个视放管的发射极提供偏置电压。+9V 电压经 R910 和 R912 分压后，在它们公共点上建立起 2.4V 左右的直流电压，再经 D904、D905 降压，在 V905 的基极上形成 1.2V 的直流电压，从而使 V905 发射极输出约 1.8V 的直流电压，此电压提供给 V901、V902 及 V903 的发射极。采用恒压偏置电路来给视放管的发射极提供偏置电压，有利于减小纹波对末级视放电路的影响。

　　（2）末级视放电路的关键检测点

　　末级视放电路有三个关键检测点，如图 5-10 所示。

　　第一关键检测点是末级视放电路的供电电压。末级视放电路的供电电压一般为 180V 左右，该电压由行逆程脉冲经整流滤波后产生，属二次电源。若供电电压丢失，会出现满屏的白光，且带回扫线。当供电电压滤波不良时，会使屏幕产生一边亮、一边暗的现象。

　　第二关键检测点是三个视放管的集电极。在检修缺基色或满屏单色光故障时，通过检测三个视放管的集电极电压，会很快找到故障根源。

　　第三关键检测点是三个视放管的基极电压。正常情况下，这三个电压基本相等，因此，通过检测这三个电压，可以判断故障部位。

　　（3）末级视放电路常见故障的检修

　　① 缺少某种基色。

　　这种现象是由于 R、G、B 三个视放管中的某一个管子工作不正常引起的，先测三个视放管的基极电压，看是否相等。若某一管的基极电压明显低于另外两管，说明故障在末级视放之前的电路，应查末级视放电路与小信号处理电路之间的接插件有无虚焊，小信号处理电路的三基色（或色差）信号输出是否正常等。若三个视放管的基极电压相等，则测三个视放管的集电极电压，看哪一个管子的集电极电压明显高于其他两管，该管便是故障所在。若三个视放管的集电极电压也基本相等，就查集电极与显像管阴极之间所接的电阻。

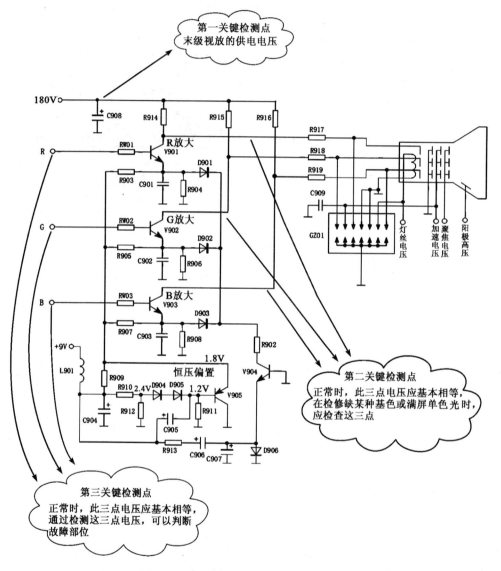

图 5-10　末级视放电路的三个关键检测点

② 满屏单色光，且有回扫线。

这种现象一般是由于相应的视放管击穿所致，通过对三个管子集电极电压进行检查后，就可发现有一个管子的电压明显低于另外两管，该管即为故障所在。另外，如果显像管三个阴极与地之间的放电器击穿时，也会产生满屏单色光，且有回扫线。

③ 屏幕亮度不均匀，一边亮，一边暗。

碰到这种现象时，应立即更换末级视放电路的 180V 滤波电容，即图 5-10 中的 C908。

当 180V 滤波不良时，会使 180V 电压变成锯齿形，从而使电子束在屏幕左右两边扫描时，视放管的供电电压按锯齿形变化，产生屏幕一边亮，一边暗的现象。

四、学生任务

① 给学生每人配置 1 台实验机，先根据电路图清理灯座板电路，直到理清全部线路为止。

② 测量三个视放管的各级电压，并将测量结果记录下来，填入任务书中。

③ 教师设置灯座板故障供学生排除，并完成任务书。注意，一次只设置一个故障，排除后，再设置一个，反复训练。第 1、2 个故障需填写维修报告，其余故障需做维修笔记。

情境 6 遥 控 系 统

【主要任务】 本情境任务有三，一是让学生了解遥控系统的组成；二是理解遥控系统的控制过程及总线调整过程；三是掌握遥控系统的关键检测点及常见故障的检修思路，并能独自处理遥控系统的常见故障。

项目教学表

项目名称：遥控系统			课　　时	
授课班级				
授课日期				

教学目的：

　　通过教、学、做合一的模式，使用任务驱动的方法，使学生了解遥控系统的组成，理解遥控系统的控制过程及总线调整过程，掌握遥控系统的关键检测点及常见故障的检修思路，并能独自处理遥控系统的常见故障。

教学重点：

　　讲解重点——遥控系统工作过程；

　　操作重点——遥控系统的检修。

教学难点：

　　理论难点——遥控系统电路分析；

　　操作难点——遥控系统不工作的检修。

教学方法：

　　总体方法——任务驱动法。

　　具体方法——实物展示、讲练结合、手把手传授、归纳总结等。

教学手段：多媒体手段、实训手段等。

	内　　容	课　　时	方法与手段	授课地点
课时分配	一、遥控系统的构成	2	实物展示、讲授；多媒体手段	多媒体教室
	二、I²C 总线调整	2（理论1；实训1）	讲练结合；多媒体、实训手段	多媒体实训室
	三、遥控系统分析举例	2	讲授、师徒对话、归纳总结等方法；多媒体、实训手段	多媒体教室
	四、遥控系统的检修	10（理论2；实训8）	讲授、师徒对话、演示、讲练结合、手把手传授、归纳总结等方法；多媒体、实训手段	多媒体实训室
教学总结与评价				

任务书——遥控系统检测、调节与检修

项目名称	遥控系统检测、调节与检修	所属模块	遥控系统	课　　时	
学员姓名		组　　员		机　　号	

教学地点：

1. 根据电路图清理底板上的遥控系统，直到理清全部线路，并回答以下问题。

（1）写出 CPU 的型号和功能；

（2）填写表 1。

表1　键盘按键的功能

按键名称	序　号	功　　能	按键名称	序　号	功　　能

注：按键名称按电视机面板上所标的填写。

2. 进入维修模式，将本机的总线调整项目及数据摘录下来，建立调整清单。

（1）写出进入和退出维修模式的方法

进入维修模式的方法：

退出维修模式的方法：

（2）在维修模式下调节场幅，观察场幅随数据的变化情况，记录场幅处于最佳状态时的数据。

（3）逐项摘录数据，建立调整清单，填写表 2。

表2　调整清单

项　　目	调整内容	数　据	项　　目	调整内容	数　据

续表

项　　目	调 整 内 容	数　　据	项　　目	调 整 内 容	数　　据

3．分析 CPU 的工作条件电路。

4．测量 CPU 正常工作时的各引脚电压，并将测量结果记录下来，填入表 3 中。

表 3　CPU 各脚电压

引脚	功　能	电压	引脚	功　能	电压
1			22		
2			23		
3			24		
4			25		
5			26		
6			27		
7			28		
8			29		
9			30		
10			31		
11			32		
12			33		
13			34		
14			35		
15			36		
16			37		
17			38		
18			39		
19			40		
20			41		
21			42		

5．在全自动搜索时测量 CPU 调谐端子电压的变化规律及 AFT 端子电压的变化规律。

调谐端子电压的变化规律：

AFT 端子电压的变化规律：

6．用示波器观测时钟信号波形，并将波形画下来。

7．教师设置遥控系统故障供学生排除。注意，一次只设置一个故障，排除后，再设置一个，反复训练。第 1、2 个故障需填写维修报告，其余故障需做维修笔记。

表 4　故障 1 维修报告

故障现象	
故障分析	
检修过程	
检修结果	

表 5　故障 2 维修报告

故障现象	
故障分析	
检修过程	
检修结果	

其余故障的维修笔记：

教学效果评价	学生评教	学生对该课的评语：	
		总体感觉： 　很满意□　　满意□　　一般□　　不满意□　　很差□	
	教师评学	过程考核情况	
		结果考核情况	
		评价等级： 　　优□　　良□　　中□　　及格□　　不及格□	

教 学 内 容

一、遥控系统的构成

遥控系统由红外发射器、红外接收器及控制电路所组成，如图 6-1 所示。

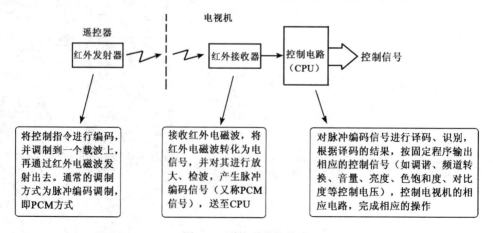

图 6-1　遥控系统的构成

控制电路由 CPU（中央微处理器）构成，它是遥控系统的心脏。遥控系统除了具有遥控方式外，往往还具有本机键盘控制方式（又称键控方式）。本机键盘安装在电视机的面板上，它由多个微动开关组成，通过操作本机键盘，便可实现对整机的控制。遥控方式和键控方式的区别主要体现在指令的传输方式上，前者为"无线"传输，后者为"有线"传输。另外，遥控方式所能实现的控制功能往往比键控方式要多。所以遥控器上的按键比电视机键盘上的按键要多。

1．红外发射器

红外发射器是利用红外线作为媒介来传递信息的。红外线的波长介于微波与红光之间，波长范围为 0.77～1000μm。0.77～3mm 为近红外区，3～30μm 为中红外区，30～1000μm 为远红外区。红外线在传输过程中，不易发生散射，不易受干扰，有较强的穿透能力，且传输的距离较短，范围较小，易于制造，成本低廉，因而被广泛用于遥控领域。目前，彩色电视机的红外发射器所发出的红外线是由红外发射二极管产生的，其波长约为 0.9～3μm。

红外发射器又叫遥控发射器，简称遥控器，其外形如图 6-2 所示。它的面板上安有代表不同控制功能的操作键，这些按键组成遥控器的键盘，顶端是红外信号发射窗口。红外发射器内部有一块专用集成块，它能将各按键指令进行编码，并将编码信号调制在 38kHz（或 36kHz、40kHz）的载波上，经放大后激励红外二极管发射红外线。这样，调制在 38kHz（或 36kHz、40kHz）载波上的指令码就以红外线的方式发射出去。

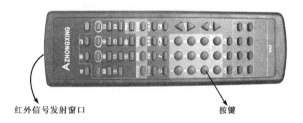

红外信号发射窗口　　　　　　　　按键

图 6-2　遥控器

2．红外接收器

红外接收器通常做成组件形式，通过三根线与电视机的电路板相连，其外形如图 6-3（a）所示。红外接收器的内部电路框图如图 6-3（b），它由红外接收二极管、电流/电压变换器、放大器、带通滤波器、检波器等电路构成。

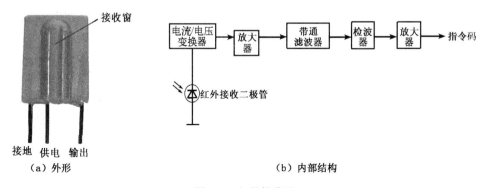

接地　供电　输出
（a）外形　　　　　　　　　　　（b）内部结构

图 6-3　红外接收器

红外接收二极管实际上是一种特殊的二极管，当遥控器发射的红外线照到红外接收二极管上时，红外接收二极管就会激起电流，该电流经电流/电压变换后转化为电压，这样，红外信号就被转化成了电信号。电信号经放大器放大后，送至带通滤波器。带通滤波器的中心频率为 38kHz（或 36kHz、40kHz），它只让 38kHz（或 36kHz、40kHz）附近的一段频率通过，而将其他的干扰信号滤除。经带通滤波后的信号送至检波器，由检波器进行检波处理，将调制在 38kHz（或 36kHz、40kHz）载波上的指令码取出来，经放大后，送入 CPU。

3．控制电路

（1）概述

控制电路结构框图如图 6-4 所示。它主要由中央微处理器（CPU）、存储器、本机键盘、时钟振荡器、波段控制器等电路组成。

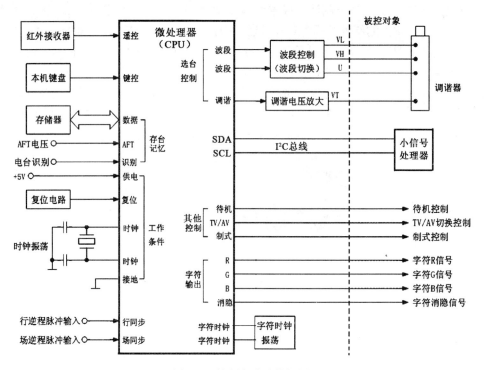

图 6-4　控制电路结构框图

控制电路是整个遥控系统的核心，控制电路一般由一块大规模集成块构成，这个集成块内部集成有控制器和运算器，它实际上就是一块计算机集成块，俗称中央微处理器，简称微处理器，英文代号为"CPU"。CPU 负责处理遥控指令和键盘控制指令，并控制机器完成相应的操作。在 CPU 外部接有一个存储器，它一般为 E^2PROM（电可擦写编程只读存储器），可弥补 CPU 内部存储器存储容量的不足。E^2PROM 主要用来保存各频道节目的调谐数据、波段数据、模拟量控制数据及其他一些控制数据。下图是控制电路的结构框图，粗线框代表 CPU。

CPU 的引脚数量一般在 42 脚以上（少数为 36 脚），其引脚分为以下几类。

第一类，为 CPU 提供基本工作条件的端子。主要包含供电端子，接地端子，复位端子及时钟振荡端子，一般分配 5～6 个引脚。

第二类，用于字符显示的端子。主要包含字符时钟振荡端子、行场逆程脉冲输入端子、字符输出端子，共分配 8 个引脚。若字符时钟振荡器内置，则只需分配 6 个引脚就够了。

第三类，用于选台控制的端子。主要包含波段控制端子、调谐控制端子。波段控制端子一般分配 2～3 个引脚；调谐控制端子分配 1 个引脚。

第四类，用于存台记忆的端子。主要包含 CPU 与存储器相连的端子、电台识别端子及AFT 电压输入端子等，一般分配 4 个引脚。

第五类，控制信号输出端子。主要包含 I²C 总线端子及其他控制端子，一般分配 10 个以上的引脚。

第六类，控制指令输入端子。包含遥控指令输入端子和键控指令输入端子，一般分配2～3 个引脚。

（2）CPU 的工作条件电路

CPU 的工作条件电路包括供电电路、时钟电路及复位电路，这部分电路如图 6-5所示。

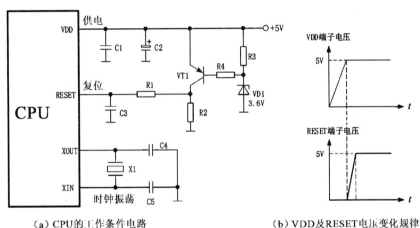

（a）CPU的工作条件电路   （b）VDD及RESET电压变化规律

图 6-5 CPU 的工作条件电路

CPU 的"VDD"端子是 CPU 的供电端，该端子的标准供电电压为 5V。

"RESET"端子为 CPU 的复位端，复位电路由 VT1、VD1 等元件组成。复位过程又称初始化（或叫清零）。目前，彩电中的 CPU 绝大多数采用低电平复位方式，在复位端电压未上升到稳定值时，CPU 是不会工作的。复位过程仅在开机后的一瞬间进行，在开机后的一瞬间，复位电路向 CPU 提供一个低电平，使 CPU 复位，复位完毕，复位电压总保持高电平。图 6-5（b）是"VDD"端子和"RESET"端子的电压变化规律。刚开机时，+5V 供电电压会按指数规律上升，在+5V 上升的过程中，VD1 及 VT1 皆处于截止状态，微处理器的"RESET"端保持低电平，微处理器不工作。待+5V 上升至稳定值时，VD1 导通，VT1 饱和，"RESET"端变为高电平，复位结束，微处理器开始工作。由于复位电路的存在，可以确保 CPU 在+5V 电源上升的过程中不会产生误动。复位时间约数毫秒，因此无法用万用表监测整个过程。

"XIN"和"XOUT"是 CPU 的时钟振荡端子，外部接有时钟振荡网络，利用示波器可以观测时钟波形。时钟信号是 CPU 处理数据的"节拍"，CPU 内部的 A/D 电路，D/A 电路、计数电路、存储电路都离不开时钟信号。如果时钟信号丢失，CPU 也就不能工作。

（3）波段控制及调谐控制

参考图 6-6，CPU 上有两个波段控制脚（BAND1 和 BAND2），它们输出的波段控制电压送至波段切换电路 LA7910。经 LA7910 处理后，分别从 1 脚、2 脚及 7 脚输出波段切换电压，又分别送至调谐器的 VL、VH 及 U 端子，控制调谐器的工作波段。

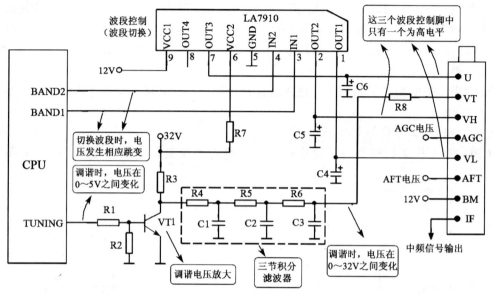

图 6-6　波段控制及调谐控制

LA7910 的控制逻辑见表 6-1，从表中可以看出，任何时刻，LA7910 只有一个输出端为高电平。当 1 脚为高电平时，调谐器工作于 VL 波段；当 2 脚为高电平时，调谐器工作于 VH 波段；当 7 脚为高电平时，调谐器工作于 U 波段。调谐电压是从 CPU 的调谐端子（TUNING）输出的，经 VT1 放大、再经三节 RC 积分滤波后，转化为直流电压送至调谐器的 VT 端，控制调谐器搜索节目。在搜索节目时，CPU 的调谐端子电压不断变化，调谐器 VT 端子电压也不断变化，从而使调谐器从低频道向高频道搜索。当 VL 波段搜索完毕后，波段控制电路使调谐器工作于 VH 波段，调谐电压 VT 再次由低向高变化，从 VH 波段的低频道向高频道搜索，搜索完毕后，再跳到 U 段进行搜索。

◀🔊 背景知识：

调谐器有三个工作波段，当工作于 VL 段时，能收看 1～5 频道节目；当工作于 VH 段时，能收看 6～12 频道节目；当工作于 U 段时，能收看 13～68 频道节目。

表 6-1　LA7910 控制逻辑表

LA7910						调谐器工作波段
输　　入		输　　　出				
4 脚	3 脚	1 脚	2 脚	7 脚	8 脚	
L	L	H	L	L	L	VL 段
L	H	L	H	L	L	VH 段
H	L	L	L	H	L	U 段
H	H	L	L	L	H	未用

（4）存储记忆电路

图 6-7 是存储记忆电路。所谓存储记忆是指将搜索到的节目存储到存储器中，以便以后使用。在全自动搜索时，CPU 首先送出波段指令，使调谐器工作于 VL 波段。再送出调谐控制电压，使调谐器的 VT 端子电压从 0V 向 32V 方向变化。当搜到节目时，中频通道会输出视频信号，并由同步分离电路分离出同步信号，送入 CPU，作为电台识别信号。CPU 检测到电台识别信号后，便会做出有节目的判断，同时，放慢调谐速度，VT 电压缓慢变化。接着，CPU 开始检测 AFT（自动频率微调）电压，当 AFT 电压反映调谐最准确时，CPU 发出存储指令，将搜索到的节目存入到存储器中，此时，屏幕上显示的节目号自动加 1。然后，继续搜索、存储下一套节目。当 VL 段的所有节目搜索、存储完毕后，再跳到 VH 段搜索，VT 电压再一次从 0V 上升至 32V。VH 段搜索完毕后，就搜索 U 段节目。由此可见，在全自动搜索时，CPU 依靠电台识别信号和 AFT 电压的辅助，能自动完成搜索、记忆任务。

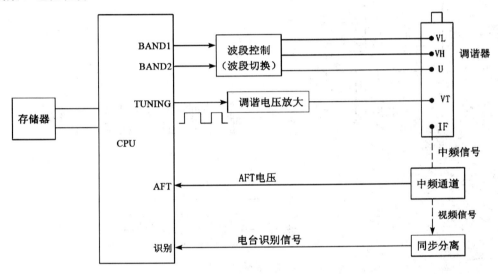

图 6-7　存储记忆电路

（5）字符显示

遥控彩电屏幕上所显示的反映操作内容的文字和符号统称为字符。例如，当调节音量时，屏幕上会显示音量调节符号或数字；换台时，屏幕上会显示相应的节目号等，这些都属于字符。

参考图 6-8。在 CPU 内部，设有字符 ROM，字符 ROM 中，存有本机所有的字符信息。操作遥控器或本机键盘时，字符时钟振荡器工作，输出字符时钟脉冲。依靠字符时钟脉冲，可将字符信息从字符 ROM 中读出。若字符时钟脉冲的频率高，则读出字符信息的速度就快，显示的字符就小；若字符时钟脉冲的频率低，则读出字符信息的速度就慢，显示的字符就大。因此通过改变字符时钟脉冲的频率，便可获得多种显示效果。

读出的字符信息送至显示控制器，加工成 RGB 字符信号，同时合成一个字符消隐信号，并送至 CPU 外部。为了使字符能显示在扫描正程，字符信息的读出还必须受行、场同步信号的控制（一般使用行、场逆程脉冲）。

RGB 三基色字符信号及字符消隐信号（常用 BLANK 表示），送至小信号处理器的内/

外 RGB 切换电路。当有字符时，字符消隐信号为高电平，此时，字符 RGB 信号能通过内/外 RGB 切换电路，并显示在屏幕上，而图像 RGB 信号被阻断。当无字符时，字符消隐信号为低电平，此时，图像 RGB 信号能通过内/外 RGB 切换电路，并显示在屏幕上。设图像 RGB 信号的波形如图 6-8 中波形 A 所示，字符 RGB 信号的波形如图 6-8 中波形 B 所示，字符消隐信号的波形如图 6-8 中波形 C 所示。在字符消隐信号为高电平时，图像 RGB 信号被阻断，相当于在图像中开了一个窗口，字符 RGB 信号便填补在该窗口中，形成图 6-8 中波形 D。

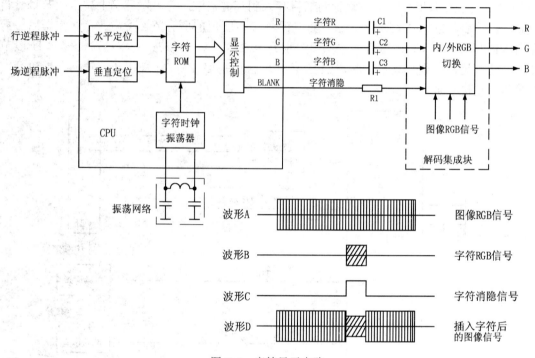

图 6-8　字符显示电路

当电视机未收到信号时，因无电台识别信号送入 CPU，此时，CPU 发出蓝屏控制指令，从 B 端子输出蓝屏信号，从 BLANK 端子输出高电平，使内/外 RGB 切换电路总接通字符信号，屏幕显示蓝色。此时，如果想取消蓝屏，方法也很简单，只需将字符消隐信号切断即可（断开 R1）。另外，有些电视机设有蓝屏开/关功能，此时只需将"蓝屏开/关功能"项设置为"关"，便可取消蓝屏。

（6）指令输入电路

图 6-9 是指令输入电路，它包含本机键控指令输入和遥控指令输入两部分。CPU 上一般分配 1～2 个引脚来接受本机键控指令，分配 1 个引脚来接受遥控指令。

红外接收器完成红外遥控指令的接收、放大和解调任务，解调后的遥控操作指令送入 CPU 的 REM 脚，经 CPU 识别、译码后，产生相应的控制指令，完成相应的操作。机器面板上一般设有 6 个按键，即菜单键（MENU）、电视/视频键（TV/AV）、音量减键（V-）、音量增键（V+）、频道下降键（P-）及频道上升键（P+）。这 6 个按键构成本机键盘。CPU 的键控输入脚为 KEY1 脚和 KEY2 脚，未按任何键时，两脚电压均接近 5V，当按下某一键时，KEY1 脚或 KEY2 脚的电压就会改变，这相当于从 KEY1 脚或 KEY2 脚上输入了一个控制电压，这个电压经 CPU 内部电路处理后，可使机器完成相应的操作。

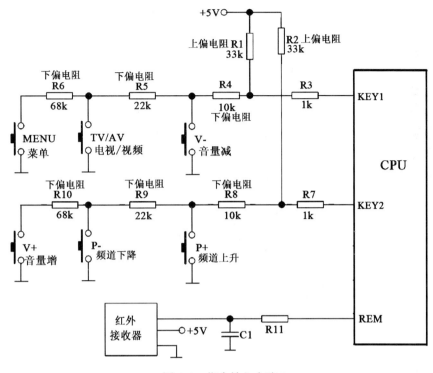

图 6-9　指令输入电路

（7）I²C 总线控制

图 6-10 是 I²C 总线控制电路，机器的绝大多数控制功能是通过 I²C 总线来实现的。

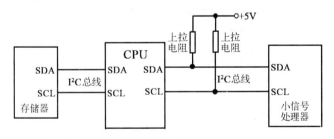

图 6-10　I²C 总线控制电路

I²C 总线是一种双线、双向总线。在 I²C 总线系统中，总线仅由两根线组成，它们均由 CPU 引出，一根叫串行时钟线（Serial Clock Line），常用 SCL 表示，另一根叫串行数据线（Serial Data Line），常用 SDA 表示，其他被控器（小信号处理器、存储器等）均挂在总线上。CPU 利用 SCL 线向被控器发送时钟信号，利用 SDA 线向被控器发送数据信号或接收被控器送来的应答信号，被控器在 CPU 的控制下完成各项操作。

CPU 上一般引出 1～2 组 I²C 总线。当引出 2 组时，一组专门用来挂接存储器，另一组用来挂接小信号处理器和其他被控器；当只引出 1 组时，则所有的被控器均挂在这组总线上。采用 I²C 总线控制方式后，所有的控制信息均通过 I²C 总线传输至被控器，就连场幅控制、场线性控制等信息也是通过 I²C 总线进行传输的。

（8）其他控制

其他控制包含待机控制、TV/AV 控制、制式控制等，这类控制均由开关信号（即高/低电平）来完成。例如，图 6-11 是某电视机的待机控制电路，正常工作时，CPU 的"POWER"端子输出高电平，VT1 饱和导通，VT2 也饱和导通，+25V 电压能通过 VT2 送至行、场扫描电路，行、场扫描电路正常工作。当按遥控器上的"开/关"键后，CPU 的"POWER"端子输出低电平，VT1 截止，VT2 也截止，+25V 电压不能通过 VT2 送至行、场扫描电路，行、场扫描电路停止工作，机器三无，处于待机状态。再次按压遥控器上的"开/关"键后，"POWER"端子又输出高电平，机器又正常工作。同理，TV/AV 控制或制式控制皆与此类似。

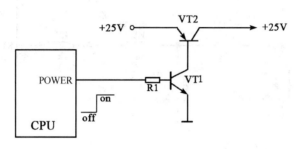

图 6-11　待机控制电路

二、I²C 总线调整

彩电装配完毕后，都要进行调整，以便电视机出厂时能处于最佳工作状态；在维修领域，对彩电维修完毕，有时也要进行必要的调整。调整的内容有：场幅调整、场线性调整、黑白平衡调整、副亮度调整、副对比度调整、RFAGC 调整、光栅中心位置调整，等等。彩电的调整过程由 I²C 总线系统来完成，调整方法比较复杂。

1. I²C 总线对各被控电路的调整原理

数码彩电所用的 CPU 具有编程能力，芯片内含有 ROM 和 8 位数据编码器（这一点不同于普通 CPU）。在彩电生产厂，技术人员将被控 IC 的地址和调整项目编制成各种子程序，并写入 CPU 的 ROM 中，形成调整软件。在正常工作状态下，CPU 不会运行调整软件，只有在维修模式下，CPU 才会运行调整软件，此时，屏幕上就会显示调整项目和调整数据。8 位数据编码器是用来对调整项目进行数据编码的部件，它也只在维修模式下起作用，在维修模式下，它所编出的数码值受遥控器或本机音量键的控制（也可受其他约定键的控制），因此利用这些键可以调整控制数据，调整的结果将保存在 E²PROM 中，电视机下次开机后，就按新数据运行。

为了说明 I²C 总线对各被控电路的调整原理，这里以场幅调整为例进行简要分析，其他项目的调整原理大同小异。

彩电出厂时，场幅虽已调好，但随着使用时间的增加或更换场扫描电路中的元器件等原因，往往需要重新调整场幅，以确保整机继续处于最佳工作状态。

场幅调整过程可用图 6-12 来做简单说明。

在数码彩电中，锯齿波形成电路中的 RC 时间常数靠 I^2C 总线数据来调整，首先应进入维修模式，选择场幅项目，再进行调节（即改变数据），直到满意为止。在调整场幅时，I^2C 总线送来调整数据，经总线接口转换成控制电压，并改变锯齿波形成电路的 RC 时间常数，从而达到调节场幅的目的。

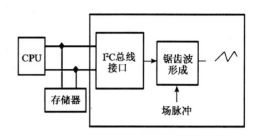

图 6-12　数码彩电场幅调整示意图

2.维修模式

数码彩电都有两个工作模式，一个是正常收视模式，另一个是维修模式（有的厂家将其称为工厂模式），电视机的调整必须在维修模式下进行。

（1）维修模式的进入

不同的彩电，其进入维修模式的方法不一定相同，据统计，目前国产数码彩电进入维修模式的方法主要有以下 5 种。

① 直接输入密码进入。

采用这种方法的彩电，只需直接使用遥控器及本机键盘按规定的操作顺序写入一些密码，彩电即可进入维修模式。目前，大多数数码彩电采用此法进入维修模式。

② 先改装遥控器，再输入密码进入。

使用这种方法的彩电，首先得改装其遥控器，再输入密码，方可进入维修模式。

③ 使用工厂专用遥控器进入。

某些彩电，欲进入维修模式，需使用工厂专用遥控器，按专用遥控器上的约定键便可进入维修模式。

④ 采用维修开关进入。

这种彩电的电路板上装有一个维修开关，只需按动（或拨动）此开关，彩电即可进入维修模式。这种方法一般用在进口彩电上，国产彩电极少使用。

⑤ 短接测试点进入。

采用这种方法的彩电，只要将机内某两点短路或将某一点与地短路，机器便可进入维修模式。例如，长虹 N2918 彩电，只要将 CPU 的 9 脚对地短路，再开机，机器便进入维修模式。

（2）S 模式和 D 模式

许多数码彩电将维修模式分为 S 模式和 D 模式。在 S 模式下，只能对部分项目进行调整，而在 D 模式下，可以对全部项目进行调整。一般来说，S 模式下的调整项目是一些常调项目，而那些无需经常调整的项目，都要进入 D 模式下才能调整。

S 模式和 D 模式的进入方法是不相同的：S 模式的进入方法比较简单，一般只需按规定的操作方法操作用户遥控器及本机键盘即可进入；进入 S 模式后再按规定的方法操作才可进入 D 模式，有的彩电需用工厂专用遥控器或对用户遥控器进行改造后，再按规定的方法操作才可进入 D 模式。

3.调整项目及预置数据

数码彩电的调整项目很多，且不同机心、不同型号的机器，其设置的调整项目也有多有少。不管项目是多是少，每一调整项目都对应一个项目名称，项目名称一般采用英文字母来表示，也有少数彩电的个别项目名用中文来表示，当需对某一项目进行调整时，首先要从调整菜单中找到该项目的名称，再进行调整即可。

每一调整项目都有一对应的预置数据，这些预置数据就是这种彩电的平均数据（有的厂家称它为标准数据或典型数据等），由厂家设定，保存在 CPU 内部 ROM 中，彩电组装完毕，厂家先将 CPU 内部 ROM 中的预置数据拷入到 E^{2}PROM（存储器）中，再在预置数据的基础上进行调整，使彩电出厂时，能处于最佳工作状态。调整后的新数据保存在 E^{2}PROM 中，这些数据便是以后每次开机用来控制各被控对象的实控数据。因此，彩电的实控数据与预置数据不一定相同，就是型号完全相同的彩电，它们的实控数据也不一定相同，但预置数据却是相同的。

数码彩电的调整项目一般可分为三类，即模式项目、非调整项目及可调项目。模式项目中的数据称为模式数据，非调整项目中的数据称为固定数据。模式数据主要反映机内的硬件设置和功能设置情况，CPU 通过读取它来获取硬件及功能设置信息，以便产生相应的控制指令。因此，用户或维修人员一般不要轻易更改模式数据，否则将有可能使彩电失去某些功能，甚至出现意想不到的奇特故障。在厂家提供的调整清单中，模式项目常用"OPT、OPTION、PRESET、MOD 或 M"等符号表示。例如，海信 OM8838 机心共有三组模式数据，在厂家提供的调整清单上，分别标有 OPTION0、OPTION1、OPTION2。

非调整项目在维修领域中一般是不做调整的，其数据应保持厂家设定值。

可调项目是维修领域中可以由维修人员进行调整的项目（如场幅、场线性、黑白平衡等）。在厂家提供的调整清单中，一般会对调整项目加以说明，以提醒维修人员哪些项目可调、哪些项目不可调。

4．调整步骤

数码彩电的整个调整工作皆由软件来完成，调整步骤大致如下：

（1）先让电视机进入维修模式

按厂家所提供的方法进行操作，便可进入维修模式。

（2）选择调整项目

进入维修模式后，只需操作遥控器上约定键，就可选择调整项目，直到找到自己所需的调整项目为止。目前大部分彩电采用"节目增/减"键来选择调整项目，少数彩电采用其他约定键来选择调整项目。

（3）调整控制数据

选出相应的调整项目后，便可调整该项目的控制数据了。调整时，只需按遥控器上的约定键，便可增大或减小控制数据，直到满意为止。大多数彩电的数据调整约定键为"音量增/减"键，少数彩电为其他键。

（4）保存调整后的控制数据

对某一项目调整完毕后，必须将新数据存入存储器中，以便下次开机后电视机能使用新数据。不同的机型，其保存数据的方法不一定相同，大多数彩电采用退出保存法，只需退出维修模式，回到正常状态，即可将数据保存下来；也有的彩电采用约定键保存法，只需操作约定的按键，便可将新数据保存下来。

（5）退出维修模式

调整完毕后，必须退出维修模式，不同的机型，其退出维修模式的方法不一定相同，大多数彩电采用遥控关机来退出维修模式，也有的采用操作约定键（或开关）来退出维修模式。

另外，在调整的过程中要注意两点：一是调整前，要记下原始数据，以便调整失败后能够复原。二是不到万不得已，不要改变模式数据，以防丢失功能或出现意想不到的后果。

5. I²C 总线调整举例

为了让读者能更好地理解 I²C 总线彩电调整过程，现以黄河 HC2188 彩电为例进行说明。黄河 HC2188 彩电是由 TMP87CK38N 和 TB1238N 构成的，这种彩电的调整方法也适合绝大多数同类型彩电。

（1）维修模式的进入

先按住电视机"音量减"键，直到音量最小（00）为止，不松手，同时按下遥控器的"⊞"键（呼出键），就会在屏幕的右上角出现"S"字样，表明机器进入了维修模式（S 模式），同时在左上角出现调整项目。S 模式下只能对一些常调项目进行调整，共有 16 项，如表 6-2 所示。

表 6-2　S 模式下调整项目

项　目	调整内容	数　据	项　目	调整内容	数　据
RCUT	R 黑平衡	47	COLS	SECAM 制色度中间值	40
GCUT	G 黑平衡	53	SCNT	副对比度	0B
BCUT	B 黑平衡	57	HPOS	50Hz 行中心	12
GDRV	G 白平衡	5B	VP50	50Hz 场中心	03
BDRV	B 白平衡	4A	HIT	50Hz 场幅	35
BRTC	亮度中间值	48	VL IN	50Hz 场线性	0A
COLC	色度中间值	40	SBY	SECAM B-Y	08
TNTC	色调中间值	40	RAGC	高放 AGC	28

在 S 模式下，再按一下"⊞"键，屏幕右上角的"S"字样消失，并出现节目号，再按下"音量减"键，同时还按下"⊞"键，屏幕右上角就出现"D"字样，表明机器已进入 D 模式，在 D 模式下，可对所有项目进行调整，共有 67 项，这里不再一一列出。

（2）调整方法

在维修模式下，按"节目增/减"键可依次选择调整项目，按"音量增/减"键可调整数值。例如，当机器的场幅略大时，就得适当调整一下场幅，此时，只要将电视机置于维修模式（S 模式或 D 模式），再用"节目增/减"键选择调整项目，每按一次"节目增/减"键，屏幕上所显示的调整项目便改变一次，直到"HIT"项目显示在屏幕上为止。然后用"音量增/减"键改变该项目的数据，直到场幅合适为止。

调整完毕后，遥控关机，可退出维修模式，新数据自动保存到存储器中，再次开机，机器便转为正常工作状态，并按新数据运行。

三、遥控系统分析举例

国产数码彩电常用的遥控系统有 7 类，即三洋遥控系统、东芝遥控系统、飞利浦遥控系统、Zilog 遥控系统、三菱遥控系统、松下遥控系统及 ST 遥控系统。三洋遥控系统是由日本三洋公司研制的，其 CPU 以"LC"为前缀；东芝遥控系统是由日本东芝公司研制的，其 CPU 以"TMP"为前缀；飞利浦遥控系统是由荷兰飞利浦公司研制的，其 CPU 以"P"为前缀；Zilog 遥控系统是由美国 Zilog 公司研制的，其 CPU 以"Z"为前缀；三菱遥控系统是由日本三菱公司研制的，其 CPU 以"M"为前缀；松下遥控系统是由日本松下公司研制的，其 CPU 以"MN"为前缀；ST 遥控系统是由意法半导体公司（法国汤姆逊公司）研制的，其 CPU 以"ST"为前缀。

1. 长虹 CN-12 机心遥控系统

（1）概述

三洋遥控系统是以 LC8633XX 系列芯片为 CPU 而构成的。LC8633XX 系列芯片是日本三洋公司推出的单片 8 位微处理器，该系列微处理器所包含的主要型号有：LC863316、LC863320、LC863324、LC863328 及 LC863332 等。这类微处理器的硬件结构基本相同，只是内部 ROM 容量略有区别，CPU 型号的后两位数实际上反映了芯片内 ROM 的容量，如 LC863324A 内部 ROM 容量为 24KB，而 LC863316A 内部 ROM 容量为 16KB。三洋遥控系统广泛用于长虹 CN-12 机心、康佳 A10 机心、海信 A12 机心、TCL "E"型机等。它主要用来管理 LA76810、LA76818、LA76820 或 LA76832 等小信号处理器。

为了便于讲解，这里以长虹 CN-12 机心的 G2138K 彩电为例来分析。在长虹 G2138K 彩电中，微处理器的硬件型号为 LC863328，生产时，厂家根据 G2138K 彩电的控制要求进行编程，然后将程序（软件）写入到 LC863328 芯片内部的 ROM 中，形成掩模片，并将掩模片命名为 CHT0410 等。CHT0410 具有以下一些特点：

① 直接输出三波段控制电压，无需外接波段译码器。

② 具有多制式自动识别功能及强制制式识别功能。

③ 具有定时开机、关机及节目预约功能。

④ 具有日历查寻功能（500 年或 1000 年），可预置图文功能。

⑤ 中/英文屏幕显示及简单的图形操作界面。

⑥ 具有定时时钟提醒功能及童锁功能。

⑦ 具有图像模式选择功能。

⑧ 具有节目排序功能及节目自动轮流显示功能。

⑨ 具有俄罗斯方块游戏功能等。

（2）电路分析

参考图 6-13。

1 脚为重低音控制端，因本机无重低音功能，故未用此引脚。

2 脚为静音控制端，静音控制电压送至 V181 基极，进而控制伴音功放电路 N181。在正常工作情况下，2 脚输出低电平，V181 截止，功放电路处于正常工作状态，扬声器有声音发出；在调谐状态、无信号状态或按遥控器上的静音键后（人工静音），2 脚就会输出高电平，从而使 V181 饱和，伴音功放电路的 3 脚电压下降，内部放大器停止工作，扬声器无声音发出，即电路处于静音状态。

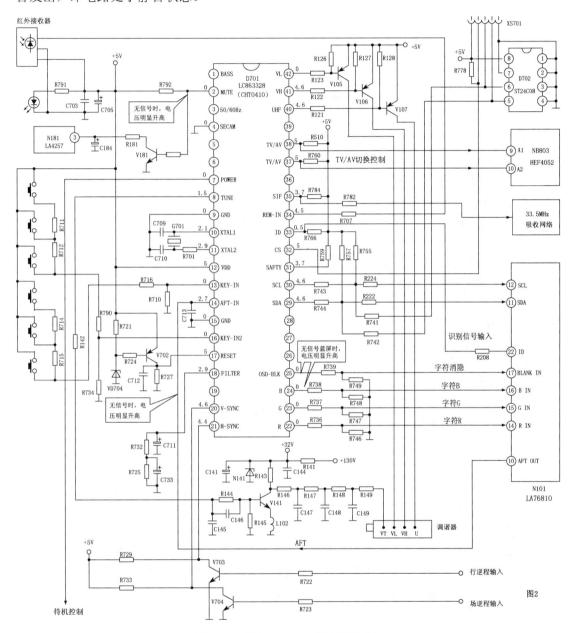

图 6-13　长虹 G2138K 彩电遥控系统

3 脚为 50/60Hz 场频控制端，本机未用此功能。4 脚为 SECAM 制式控制端，本机无 SECAM 制功能，故未用此引脚，并将其接地。

7 脚为待机控制端，正常工作时，7 脚输出低电平，对电源电路不产生影响。在待机（即遥控关机）时，7 脚输出高电平，送至电源电路，使电源处于待机工作状态。此时，+B 电压约下降一半左右，扫描电路停止工作。

8 脚为调谐控制端，在调谐时，8 脚输出一列 PWM 脉冲，经 V141 倒相放大后，再经三节 RC 积分滤波器滤波，将 PWM 脉冲转换为直流电压，送至调谐器，控制调谐器进行选台。调谐时，8 脚的直流电压变化范围为 0～5V，调谐器 VT 端电压的变化范围为 0～32V。

10 脚和 11 脚外接 32kHz 振荡网络，能产生 32kHz 基准时钟。在 CPU 内部设有系统时钟振荡器，以产生 CPU 工作时所需的时钟脉冲。系统时钟振荡器由 32kHz 的基准时钟进行锁相控制，锁相环路滤波器接在 18 脚外部，这种锁相控制方式能有效提高系统时钟的频率稳定度。32kHz 的基准时钟还要用来对字符时钟进行锁相控制。

12 脚为供电端子，采用+5V 电压供电，允许±0.5V 的偏差，若供电电压高于 5.5V 或低于 4.5V，CPU 就难以稳定工作，甚至停止工作。

13 脚和 16 脚为键盘控制指令输入脚，外接本机键盘，共设 6 个按键，13 脚和 16 脚各接 3 个。每按一个按键，13 脚或 16 脚就会有一个相应的电压（指令）输入。这个电压经 CPU 内部电路处理后，变换成相应的控制指令，并控制相关电路，完成相应的操作。

14 脚为 AFT 电压输入端，AFT 电压来自小信号处理器 LA76810 的 10 脚。AFT 电压有两方面作用，在自动搜索时，CPU 通过检测 AFT 电压来确定精确的调谐点，以便在调谐最准确时完成记忆操作；在正常收视状态下，CPU 通过检测 AFT 电压来产生调谐校正信息，并从 8 脚输出调谐校正电压，以锁定调谐器的工作频率，防止跑台现象的发生。

17 脚为复位端子，外接复位电路，属于低电平复位方式。复位电路能确保 CPU 在开机上电或关机掉电的过程中不工作，以免发生误动作。开机时的复位过程是，刚开机时，+5V 电压还未上升到足够值，VD704 截止，V702 也截止，集电极输出低电平，CPU 开始复位，各输出端口清零。当+5V 上升到稳定值后，VD704 导通，V702 饱和，17 脚变成高电平，系统复位结束，CPU 开始工作。关机时的复位过程是，当关机后，为 CPU 供电的+5V 电压开始下降，当降至 4.5V 时，V702 截止，集电极输出低电平，使 CPU 停止工作，以防止关机掉电过程中 CPU 发生误动作。

21 脚和 20 脚分别为行、场逆程脉冲输入脚，它们分别来自行输出电路和场输出电路，且经倒相放大后，送入到 21 脚和 20 脚。行、场逆程脉冲主要用来控制 CPU 内部的字符发生器，对字符显示起定位作用，使字符能显示在扫描正程。因而，行、场逆程脉冲中的任何一个丢失，都会出现无字符显示的故障。字符信号产生后，便以三基色形式从 22 脚、23 脚和 24 脚输出，分别送至小信号处理器 LA76810 的 14 脚、15 脚、16 脚。同时，还从 25 脚输出字符消隐信号，送到 LA76810 的 17 脚。在 CPU 的 25 脚输出高电平期间，字符信号有效，并能通过 LA76810 内部电路而送到末级视放电路，最终显示在屏幕上；在 25 脚输出低电平期间，字符信号被禁止，不能通过 LA76810。在无信号时，CPU 从 24 脚输出蓝屏信号，同时还从 25 脚输出高电平，此时，蓝屏信号通过 LA76810 送至末级视放电路，最终显示在屏幕上。

29 脚和 30 脚为 I^{2}C 总线输出端，外部挂接存储器（ST24C08）及小信号处理器（LA76810）。每次开机后，CPU 都要通过 I^{2}C 总线从存储器中调出控制数据，再通过 I^{2}C 总线将这些数据送到小信号处理器，使小信号处理器进入相应的工作状态。本机的绝大多数控制功能是由 I^{2}C 总线来完成的。

31 脚为过流保护检测端，只有当该脚为高电平时，CPU 才能正常工作。若该脚为低电平，CPU 就会从 7 脚输出高电平，从而使机器处于待机状态（用遥控器也不能开机）。在本机中，未使用 31 脚的这一保护功能，故将 31 脚经上拉电阻接在+5V 电源上，以确保其为高电平。

32 脚为 I²C 总线开/关控制端，正常工作时，32 脚为高电平。当该脚为低电平时，CPU 就不再拥有 I²C 总线控制权。在遥控系统中，专门设有一个接插件 XS701，以便与外部计算机进行连接。在生产调试时，外部计算机经 XS701 向 CPU 的 32 脚提供一个低电平，CPU 便将 I²C 总线控制权交由外部计算机管理。此时，外部计算机便将最佳控制数据通过接插件 XS701 送入到机内存储器中，或存入到 CPU 内的 ROM 中。

33 脚为电台识别信号输入端子，电台识别信号来自视频信号中的同步头，它来源于 LA76810 的 22 脚。CPU 通过检测电台识别信号来了解系统是否收到了节目。在全自动搜索时，调谐电压会不断改变调谐器的工作频率，当调谐器大致接收到节目后，屏幕上就会出现图像，此时，LA76810 的 22 脚就会输出同步信号，并送入 CPU 的 33 脚。CPU 检测到同步信号后，便做出有节目的判断，同时放慢调谐速度，并开始检测 14 脚的 AFT 电压。当 AFT 电压表明调谐处于最佳状态时，CPU 便发出存台指令，将节目的有关信息存入到 D702（ST24C08）中，节目号自动加 1，接着继续搜索、存储下一套节目。如果 CPU 的 33 脚无同步信号输入，CPU 就会做出无节目的判断，从而产生蓝屏、静音现象。10 分钟后，若 33 脚仍无电台识别信号输入，CPU 便从 7 脚输出高电平，机器进入待机状态。

34 脚为红外遥控指令输入端，与红外接收器相连。红外接收器将接收到的红外遥控信号进行放大和解调后，送入 34 脚，由 CPU 对遥控信号进行译码处理，进而完成遥控操作。

35 脚输出伴音制式控制电压，控制 33.5MHz 吸收网络的工作与否。在接收 NTSC-M 制式信号时，35 脚输出低电平，33.5MHz 吸收网络工作。接收其他制式时，35 脚输出高电平，33.5MHz 吸收网络停止工作，这样便可确保中频电路能适应不同制式的要求。

37 脚和 38 脚输出 TV/AV 控制电压，分别送至 HEF4052 的 10 脚和 9 脚，以完成 TV/AV 切换。在 TV 状态下，37 脚和 38 脚均为高电平；在 AV1 状态下，37 脚为低电平，38 脚为高电平，在 AV2 状态下，37 脚为高电平，38 脚为低电平。

40 脚、41 脚和 42 脚为波段控制电压输出端，分别控制 V107、V106 和 V105 的通/断，进而控制调谐器的工作波段。当 40 脚输出低电平时，V107 饱和导通，调谐器的 U 端子得到供电，调谐器工作于 U 波段；同理，当 41 脚或 42 脚输出低电平时，V106 或 V105 饱和导通，调谐器的 VH 端或 VL 端得到供电，调谐器工作于 VH 或 VL 波段。任何时刻，这三脚只有一个是低电平，其余两个均为高电平。

5 脚、6 脚、19 脚、26 脚、27 脚、28 脚、36 脚及 39 脚的功能未定义，因而这些脚悬空未用。这也正好说明了采用 I²C 总线控制方式后，能有效节省 CPU 上的控制引脚。

（3）总线调整

长虹 CN-12 机心所包含的具体机型虽然很多，但它们进入维修模式的方法及调整方法是相同的，只是调整项目的多少及设置的数据略有差异而已。

① 维修模式的进入与退出。

用遥控器将音量关到最小，同时按住遥控器的"静音（MUTE）"键和电视机的"TV/AV"键不放（2S 以上），直到屏幕显示"S"符号，表明机器进入维修模式。

调整完毕，遥控关机即可退出维修模式，再次开机后，电视机便处于正常工作状态。

② 调整方法及数据。

在维修模式下，用遥控器上下选择键"↑/↓"可选择调整项目，用左右选择键"←/→"可改变数据。

2. 长虹 CN-9 机心遥控系统

（1）概述

长虹 CN-9 机心使用东芝遥控系统，是以 TMP87CX38N 系列芯片为 CPU 构成的，该系列微处理器所包含的具体型号有：TMP87CH38N、TMP87CK38N、TMP87CM38N、TMP87CP38N 及 TMP87CS38N 等。这些芯片的硬件结构相同，只是内部 RAM、ROM 的容量有所区别而已。这里以长虹 R2112T/2113T 彩电为例进行分析。

长虹 R2112T/2113T 彩电的 CPU 硬件型号为 TMP87CP38N，在生产时，厂家根据 CN-9 机心的控制功能要求进行编程，将程序（控制软件）写入到 TMP87CP38N 的 ROM 中，形成掩模片，并命名为 CHT0807，它管理的小信号处理器为 TB1231/1238N。

（2）电路分析

参考图 6-14。

2 脚输出调谐控制电压（PWM 脉冲），送至 V001，经 V001 倒相放大和三节 RC 滤波后，转换为直流电压，送至调谐器的 VT 端，用于搜索节目。

3 脚为卡拉 OK 控制端，在未设卡拉 OK 电路的机型中，该脚悬空未用。

4 脚为静音控制电压输出端子，正常工作时，4 脚输出低电平，无信号时，或按遥控器的"静音"键后，4 脚会输出高电平，V802 饱和，从而将音频信号旁路到地。

5 脚为外部静音控制端，本机未用。

6 脚为 SECAM 识别信号输入端子，本机未用此脚。

7 脚输出待机控制电压，机器正常工作时，7 脚输出低电平，待机时，7 脚输出高电平。

8 脚为卡拉 OK 控制时钟信号输出端，在无卡拉 OK 功能的机型中，该脚悬空未用。

9 脚和 10 脚输出波段控制电压，送至波段转换电路 LA7910，由 LA7910 输出 BL、BH、BU 控制电压，控制调谐器的工作波段。

11 脚和 12 脚分别为 I^2C 总线时钟端及数据端，这组总线与存储器相连，CPU 与存储器之间的数据交换依靠这组总线进行。

13 脚为 AFT 电压输入端，为 CPU 提供调谐准确度信息，AFT 电压来自 TB1231/1238N 的 4 脚。在调谐时，AFT 电压在 0.5～4.5V 之间摆动，当调谐处于最准确时，AFT 电压约为 2.5V 左右。CPU 自动记忆功能也要依靠 AFT 电压来完成，在全自动搜索时，CPU 通过检测 AFT 电压来识别最佳调谐点，当调谐处于最佳时，CPU 发出存储指令，并将搜到的节目存入存储器中，节目号自动加 1。

14 脚输出 AV 控制电压，用来控制 AV 音频的输出情况，在 TV 状态时，14 脚输出高电平，此时 TV 音频能送出机外；在 AV 状态时，14 脚输出低电平，此时 AV 端子输入的音频信号可以从 AV 输出端子进行输出。

15 脚也为 AV 控制端，但本机未用此脚。

16 脚、17 脚为键盘控制电压输入端，16 脚外部接有三个按键（菜单键、音量增键、音量减键），17 脚外部接有两个按键（节目上升键、节目下降键），每按一个按键，16 脚或 17 脚都会有一个相应的电压输入，这个电压就是该按键产生的输入指令，它在 CPU 内经过

A/D 变换和译码识别后，产生相应的控制信息，控制被控电路的工作情况。

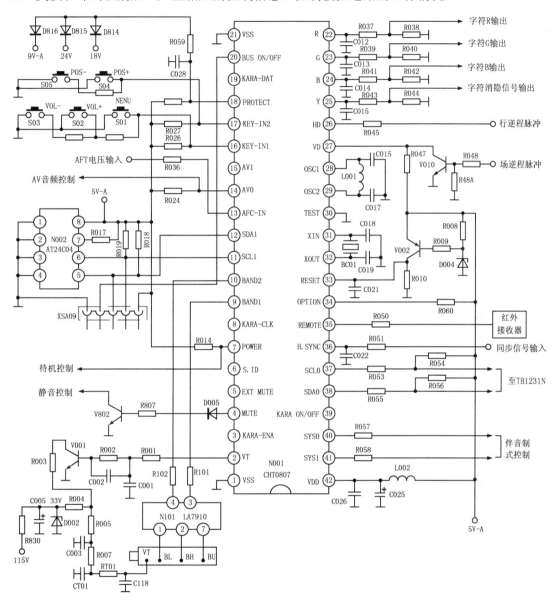

图 6-14　长虹 R2112T/2113T 彩电遥控系统

18 脚为过流保护检测电压输入端。高电平时，电路处于正常工作状态；低电平时，电路进入保护状态。18 脚外部接有三个过流检测二极管，分别用来检测 18V 电源、24V 电源及 9V-A 电源有无过流现象产生。当电路处于正常工作状态时，三个二极管均截止，若上述三路电源中的某一路产生过流时（如负载对地短路），相应的二极管就会导通，从而使 18 脚变为低电平，CPU 进入保护状态，并从 7 脚输出待机控制电压（高电平），整机进入待机状态，此时用遥控器也不能开机。

19 脚为卡拉 OK 控制端，本机未用此引脚。

20 脚为总线通/断控制端，当 20 脚为高电平时，CPU 拥有总线控制权，并能通过总线传输数据；若 20 脚为低电平时，CPU 就会失去总线控制权，此时，不能通过总线传输数据。20 脚仅在生产调试时起作用，在生产调试时，生产线上的计算机可通过接插件 XSA09 与电视机相连。此时，只要计算机向 20 脚送入一个低电平，CPU 就会将 I^2C 总线的控制权交由机外计算机管理，计算机便可通过 I^2C 总线将数据送至 CPU，并固化在 CPU 内的 ROM 中，也可将数据写入到 E^2PROM 中（N002）。

22 脚、23 脚及 24 脚分别输出字符 RGB 信号，送至 TB1231N/1238N 的 14 脚、15 脚及 16 脚；25 脚输出字符消隐信号，送至 TB1231N/1238N 的 13 脚，在有字符显示期间，字符消隐信号为高电平，在无字符显示期间，字符消隐信号为低电平。字符消隐信号的作用是在视频图像信号中开一个窗，并使字符信号显示在"开窗"位置，形成字符镶嵌在图像中的效果。

26 脚和 27 脚分别为行、场逆程脉冲输入端。行、场逆程脉冲对字符显示起定位作用，使字符能显示在扫描正程。

28 脚和 29 脚外接字符时钟振荡网络。采用 LC 振荡电路，字符时钟振荡器可以产生字符时钟信号，以读取字符 ROM 中的字符信息。若控制字符的读取速度，便可控制字符的大小，获得多种显示效果。

31 脚和 32 脚外接时钟振荡网络，采用晶体振荡器，时钟振荡器所产生的时钟脉冲用以确定 CPU 的运算"节拍"。

33 脚为复位电压输入端，外接复位电路，采用低电平复位方式，复位完毕，此脚保持高电平。在开机后的一瞬间，由于 5V-A 电源还来不及建立，故 D004 截止，V002 也截止，33 脚为低电平，CPU 开始复位，各输出端口清零，待 5V-A 电源建立后，D004 导通，V002 饱和，33 脚变为高电平，复位结束，CPU 开始工作。由于复位电路的作用，使 CPU 在刚开机的一瞬间不会产生误动。

34 脚为选择功能控制端，经上拉电阻接电源。

35 脚为遥控指令输入端，接受红外接收器送来的红外遥控指令。

36 脚为同步信号输入端，CPU 通过对同步信号的检测来识别系统有无收到了节目。若 36 脚无同步信号输入时，CPU 就会判断为无节目，并执行蓝屏、静音及无信号自动关机等操作。

37 脚和 38 脚为另一组 I^2C 总线的时钟端及数据端，这组 I^2C 总线与 TB1231N/1238N 相连，CPU 通过这组总线来实现对 TB1231N/1238N 的控制。

39 脚为卡拉 OK 开/关控制端，本机未用。

40 脚和 41 脚输出伴音制式控制电压，伴音制式控制逻辑见表 6-3。

表 6-3　制式控制逻辑

CPU 控制电平	40 脚	L	L	H	H
	41 脚	L	H	L	H
制式		M 制	D/K	B/G	I

42 脚为供电端子，供电电压为+5V，由 5V-A 电源提供。

（3）总线调整

① 维修模式的进入与退出。

用型号为 K11B 的遥控器进行调试。先将遥控器内二极管 V3 去掉，然后在原 V3 的正端与集成块的 6 脚、7 脚、12 脚之间各接一只二极管（1N4148），二极管负端分别接在 6 脚、7 脚、12 脚。

按数字"1"键，可进入维修模式，屏幕上显示绿色字符"D"，表示已进入维修调试状态。调试完毕，遥控关机即可退出维修状态，再恢复遥控器。

② 调整方法。

按遥控器"粉红色或绿色"键可选择调整项目。按遥控器左下部"黄色或青色"键，可以改变数据。

除了上述调试方法外，还有另外两种调试方法，一种是使用型号为 K10B 或 K10F 的遥控器进行调试；另一种是使用型号为 K8A、K8B、K8C 的遥控器进行调整。

使用型号为 K10B 或 K10F 的遥控器进行调试：

将声音调到最小，再按住"静音"键不放，同时按本机"菜单（MENU）键"，屏幕上显示绿色字符"D"，表示机器已进入维修模式。调整完毕，遥控关机即可退出维修模式。

在维修模式下，按遥控器"菜单选择（↓/↑）"键，可选择调整项目，按"菜单调节（←/→）"键，可改变数据。

用型号为 K8A、K8B、K8C 的遥控器进行调整：

将音量调到最小，按住"静音"键不放，同时按本机"菜单（MENU）"键，屏幕上显示绿色字符"D"，表示机器已进入维修模式。调整完毕，遥控关机可退出维修模式。

在维修模式下，用遥控器上的"调机"键，可选择调整项目。用"画质"键或"音调"键可改变数值：按"画质"键，可增大数据；按"音调"键，可减小数据。

四、遥控系统的检修

1. 遥控系统的故障特点

（1）CPU 工作条件不满足时所呈现的故障现象

CPU 有三大工作条件：供电要正常、时钟要正常、复位要正常。

CPU 的标准供电电压为 5V，当电源电压在 4.5～5.5V 范围内时，CPU 都能正常工作，但若电源偏离过多（超过了标准值的 10%），CPU 的工作条件就会被破坏，从而引起遥控系统不工作。

目前，彩电中的 CPU 绝大多数采用低电平复位方式，复位过程仅在开机后的一瞬间进行，复位时间约数毫秒，因此无法用万用表监测整个过程。如果复位电路在开机瞬间不能向 CPU 的复位端子提供低电平（即复位端子不能由低电平经过数毫秒后上升为高电平），CPU 就会停止工作。

时钟信号是由时钟振荡电路产生的，CPU 内部的 A/D 电路，D/A 电路、计数电路、存储电路都离不开时钟信号。如果时钟信号丢失，CPU 也就不能工作。

由以上分析可知，CPU 的三个工作条件相当重要，缺一不可。任何一个不满足，遥控系统都会停止工作，出现遥控和键控都失灵的现象。

（2）存储器损坏的故障症状

数码彩电采用 I^2C 总线控制方式，其存储器中存有控制信息。当存储器损坏后，遥控系统一般不能正常工作，出现的故障现象也因机而异。例如，有的机器会出现不能开机现象；有的机器会出现开机无光栅或光栅很暗的现象等。不管是哪种现象，此时的遥控和键控皆失灵。所以，当出现遥控系统不工作故障时，除了要检查 CPU 的工作条件外，千万不能忘记检查存储器。

（3）红外接收器损坏的故障症状

红外接收器的作用是接收遥控器送来的红外信息，并对红外信息进行放大、解调，取出遥控指令送入 CPU。当红外接收器损坏后，机器仍能正常工作，只是不能遥控而已，但能通过电视机面板上的键盘来控制电视机。

（4）键盘电路损坏时所呈现出的故障现象

键盘电路常由一些按键组成，当键盘电路出现故障时，常表现为以下几种现象：

① 个别按键或部分按键或所有按键失灵。这种现象是因按键自身损坏或键盘与 CPU 的连线断路所致。

② 机器总执行某种操作，如开机后，机器总是执行节目上升操作，屏幕上的节目号从 1 自动跳到 2，继而跳到 3，周而复始。这种现象是因相应的按键失去弹性，总是处于接通状态而引起的。

③ 个别按键需用力按压，机器才能执行相应的操作。这种现象是因按键导电性能下降引起的。

④ 按这个键却出现另一键的操作结果。这种现象一般是因键盘上充满灰尘或按键接触电阻增大所致，应进行清洁和更换。

2．遥控系统的关键检测点

在检修遥控系统故障时，一定要注意以下一些关键检测点，通过对这些关键点的电压、波形进行检测后，很快就能找到故障所在。

（1）供电、复位及时钟端子

在检修遥控系统不工作故障时，这几个端子极为重要。实践证明，引起遥控系统不工作的主要原因就是这几个端子的电压或波形不正常。

CPU 的供电端子一般标有"VDD"字样，该端子电压要求为+5V。

复位端子一般标有"RESET"字样，开机后的一瞬间该端子为低电平，使系统复位，复位完毕，该端子保持高电平。

"XIN"和"XOUT"是 CPU 的时钟振荡端子，外部接有时钟振荡网络，利用示波器可以观测时钟波形。

（2）行、场逆程脉冲输入端子

这两个端子上分别标有"HSYNC"、"VSYNC"的字样，在检修无字符显示（其他均正常）的故障时，这两个端子是关键检测点。正常情况下，这两个端子应分别具有 $5V_{P-P}$ 的行、场逆程脉冲输入。

检测这两个端子有无行、场逆程脉冲输入的方法有几种：

一是采用示波器来检测，这种方法即直观、又准确。

二是采用万用表直流电压挡来测量，大多数 CPU 的行、场逆程脉冲输入端子的电压比较高，接近+5V 供电电压，但不会等于供电电压。如果测得的电压很低或等于+5V 供电电压，说明无行、场逆程脉冲输入。

（3）电台识别端子

该端子常标有"SYNC IN"或"ID IN"等字样，电台识别信号有以下两种类型：

一种是采用同步脉冲（视频信号中的同步头）来担任电台识别信号。当机器收到节目时，就有同步脉冲送入到 CPU 的电台识别端子，CPU 检测到同步脉冲后，就会知道机器收到了节目；若 CPU 未检测到同步脉冲，则会做出无节目的判断，此时显示蓝屏，且执行延时自动关机操作（一般 5 分钟或 10 分钟后，自动关机）。

另一种是采用高/低电平来担任电台识别信号。例如，当机器收到节目后，就有高电平（或低电平）送入到 CPU 的电台识别端子，CPU 检测到这一高电平（或低电平）后，就会做出有节目的判断，若 CPU 未检测到高电平（或低电平），就做出无节目的判断，并执行自动关机操作。

在检修自动搜索不存台，机器显示蓝屏，且伴随着自动关机现象时，就得重点检测电台识别端子。当电台识别信号由同步脉冲担任时，可用示波器来检测，如图 6-15（a）所示；当电台识别信号由高/低电平来担任时，可用万用表直流电压挡来检测，如图 6-15（b）所示。值得注意的是，有的 CPU 将高电平作为收到信号的标志，而有的 CPU 却将低电平作为收到信号的标志。

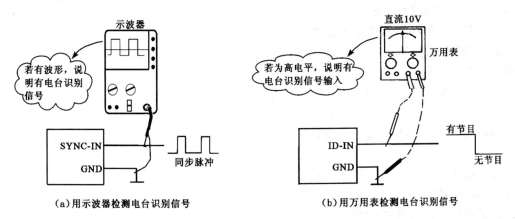

（a）用示波器检测电台识别信号　　　　（b）用万用表检测电台识别信号

图 6-15　电台识别信号的检测

（4）AFT 电压输入端子

该端子常标有"AFT IN"或"AFC IN"字样。在图像中周准确地谐振于 38MHz 的情况下，AFT 电压能够反映调谐的准确度，CPU 通过检测 AFT 电压，就能了解当前调谐是否准确。在自动搜索时，CPU 通过检测 AFT 电压来识别精确的调谐点，当调谐最准确时，CPU 才发出存台指令。在正常观看节目时，CPU 通过检测 AFT 电压来识别调谐是否偏移。若调谐偏移，CPU 就会从调谐电压输出端子上输出调谐校正电压，以改变调谐器的本振频率，使调谐总处于准确的位置上。

AFT 电压可以用万用表直流电压挡来检测。在自动搜索节目时，AFT 电压应大幅度摆动，若不摆动或摆幅小，说明 AFT 电压不正常，如图 6-16 所示。在收看节目时，AFT 电压常为 2.5V 左右，若偏离此值较多，说明 AFT 电压不正常。

在检修自动搜索不存台或跑台故障时，AFT 电压输入端子是关键检测点，通过对该点的检测，可以判断故障部位。

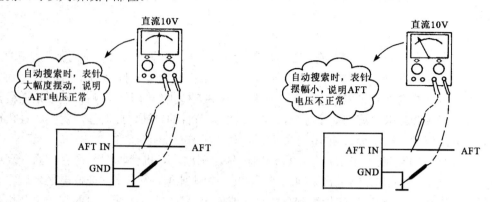

图 6-16　AFT 电压的检测

（5）I²C 总线端子

I²C 总线端子也是非常关键的检测点，在检修遥控系统不工作故障时，切莫忘记对 1²C 总线端子的检查。通过对 I²C 总线端子的检查可以判断总线系统是否正常。

一般采用电压测量法来检查 I²C 总线端子。测量时，应对 CPU 的总线端子及被控器的总线端子都进行测量。若 CPU 的总线端子与被控器的总线端子都为高电平（3～5V），且两者数值一样或非常接近，在操作键盘或遥控器时，总线电压明显抖动，说明 I²C 总线系统基本正常。若测量的结果不符合上述规律，说明 I²C 总线系统不正常。

若 CPU 的总线端子与被控器的总线端子电压相差很大，说明总线有开路现象，应检查总线上的串接电阻。

若总线电压低于正常值，则检查上拉电阻是否开路、总线与地之间所接的元器件是否漏电或击穿、被控器是否损坏（可采用断路法进行检查，即断开被控器与总线的连接，看总线电压是否恢复，若总线电压恢复了，说明被控器便是故障所在。否则说明故障在 CPU 本身）。

若总线电压为高电平，操作遥控器及本机键盘时，电压不抖动，则说明故障很可能发生在 CPU 或存储器上。应重点检查 CPU 的工作条件及存储器的外围元器件，若未发现问题，可试着更换存储器和 CPU。

（6）CPU 上的保护端子

许多 I²C 总线彩电的 CPU 上设有保护端子，常用"PROTECT"、"SAFTY"、"X-RAY"等符号表示。正常工作时，该端子为高电平（或低电平）；当电源或扫描电路出现异常时，该端子立即跳变为低电平（或高电平），CPU 关闭总线，进入保护状态，此时，整机如同遥控关机一般，但用遥控器也不能开机。

（7）CPU 上 I²C 总线通/断控制脚

它是生产厂家为了便于调试（或测试）而设置的，在通常情况下，该脚为高电平，CPU 拥有总线控制权，并可通过总线传输数据。当该引脚电压变为低电平时，CPU 就不再拥有 I²C 总线控制权，它将控制权交由生产线上的计算机管理。因此当该引脚电压不正常时，电视机可能会进入工厂调试状态。这个脚常用"FACTORY"、"BUS OFF IN"或"BUS ON/OFF"等符号来表示。

3．遥控系统常见故障处理方法

（1）开机后，无论按本机键盘还是遥控器键盘，整机均无反应

这种现象说明遥控系统没有工作，应从遥控系统的三个工作条件入手进行检查。

遥控系统的供电电压为+5V，用万用表的直流电压挡很容易检测。

由于复位时间只有数毫秒，因此无法用万用表监测整个过程，但可通过测量复位电压来初步判断故障。例如，当测得的复位电压为低电平（低于 3.5V）时，说明复位过程一定有问题，可通过断开复位端与外部的联系来进一步查证。若断开复位端后，复位电路输出的电压正常了（约 5V），说明故障出在 CPU 内部，应更换 CPU；若电压仍较低，则应检查复位电路本身。

✍ 值得一提：

若测得的复位电压为高电平，并不说明复位电路就一定正常，例如，当复位电路中稳压二极管击穿时，测得的复位电压虽然为高电平，但此时的复位电路却丧失了复位功能。因此在检查复位电压时，要养成即使测得的复位电压正常，也要检查复位电路的好习惯。

检查时钟振荡电路时，最好使用示波器。若振荡端波形正常，说明时钟振荡电路无问题；若波形不正常或无波形，说明振荡电路有问题。振荡电路问题大多数是因晶振引起的，可用优质晶振替换试试，若仍未解决问题，就应更换 CPU。

（2）无字符显示

图 6-17 是字符显示电路，厂家在编程时，已将本机的字符信息写入到 CPU 内，字符信息保存在 CPU 内的字符 ROM 中。当操作键盘或遥控器时，CPU 就会执行字符读取程序，并根据按键的含义，读出相应的字符，字符的读取速度受字符时钟的控制。字符时钟振荡网络接在 CPU 的 OSC1 和 OSC2 端子上。

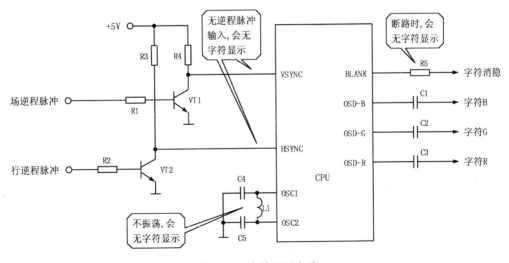

图 6-17　字符显示电路

用于字符定位的行、场逆程脉冲分别从 CPU 的"HSYNC"端子和"VSYNC"端子输入，只有在行、场逆程脉冲的控制下，字符才能显示在扫描正程。

字符信息读出后，便以三基色形式输出，分别送到小信号处理器。同时，CPU 还要输

出字符消隐信号，也送至小信号处理器，用来控制小信号处理器内的切换开关，以将字符插入到图像中。当有字符显示时，字符消隐信号为高电平；当无字符显示时，字符消隐信号为低电平。

由以上分析可知，无论是 CPU 的字符时钟振荡电路有故障，或者没有行场逆程脉冲输入到 CPU，或者 CPU 内的字符发生器损坏，或者字符消隐信号未送至小信号处理器等，都会引起无字符显示的故障。

判断字符时钟振荡电路是否振荡的方法是：在按遥控器的同时，测字符时钟振荡端子电压，若电压抖动一下，说明能振荡，否则，说明不能振荡。

判断 CPU 内部字符发生器是否损坏的方法：在无信号状态下，测 CPU 的字符消隐信号输出端，若为低平（0V），说明 CPU 内部字符发生器损坏；若为高电平（2V）以上，说明 CPU 内部字符发生器正常。

判断字符消隐信号有无送至小信号处理器的方法是：在无信号状态下，测小信号处理器的字符消隐信号输入端，若有 1V 以上的电压，说明字符消隐信号送入了小信号处理器。

判断有无行、场逆程脉冲送至 CPU 的方法已在前面介绍过，故不再赘述。

（3）搜台不存储

搜台不存储，说明存储节目的条件不具备，可分以下 3 种情况进行处理。

① 搜索时，各套节目能逐个搜出，节目号也能逐一递增，但最后换台时，却发现节目并未存储。这种现象说明 CPU 工作是正常的，只是存储器未能将节目记忆下来，检查的重点应该是存储器，一般是因存储器损坏了。

② 能搜出节目，但节目出现时，调谐速度丝毫不减，节目一闪而过，节目号始终不变，全部搜索完后，出现蓝屏、静音及自动关机的现象。出现这种故障，说明 CPU 无电台识别信号输入，使得 CPU 产生误判，此时，应重点检查电台识别信号产生电路。

③ 搜到节目时，调谐速度变慢，但当画面最佳时，仍不记忆，节目号始终不变。这种现象说明电台识别信号已经输入，只是缺少 AFT 电压或 AFT 电压摆幅太小而已。因为 CPU 的自动记忆功能是由电台识别信号和 AFT 电压的共同作用来实现的，若无 AFT 电压（或 AFT 电压摆幅过小），CPU 就不会发出记忆指令。AFT 电压摆幅过小，是因 AFT 中周或图像中周的谐振点偏离正常值而引起的。实际检修中，由这两只中周失谐而引起不记忆的现象十分常见。

（4）部分台（或所有台）的记忆点，不在最佳调谐点上

这种现象的故障点多在中频通道的 AFT 中周或图像中周上，是因 AFT 中周或图像中周的谐振频率稍微偏离正常值而引起的，与遥控系统关系不大。一般通过重新微调 AFT 中周或图像中周，即可排除故障。

另外，当存台的外部条件都具备，但就是不能存台时，就应考虑更换 CPU。

（5）调谐进度指针移动，但就是搜不到节目

这种故障多发生在调谐电路及高、中频通道，可通过测量调谐器的 VT 电压来区分故障部位。在调谐时，若调谐器的 VT 电压在 0～32V 之间变化，说明故障在高、中频通道。若调谐器的 VT 电压不变化，说明故障在调谐电路。

调谐电压是从 CPU 的调谐控制端子输出的，若用示波器观测该端子电压，正常时，应为一列脉冲（PWM 脉冲），宽度随调谐的进行而不断变化。若用示波器观测时，无 PWM

脉冲，就得检查 CPU；若有 PWM 脉冲，就检查调谐电压放大电路（包含三节 RC 积分滤波器）。另外，也可通过测量 CPU 调谐端子电压来判断故障所在，在调谐时，若 CPU 调谐端子的直流电压在 0～5V 之间变化，说明有调谐 PWM 脉冲输出；若 CPU 调谐端子的直流电压不变化，说明无调谐 PWM 脉冲输出。

（6）键控正常，不能遥控

这种故障一般发生在三个部位，一为遥控器损坏、二为红外接收器损坏、三为 CPU 中的遥控信号处理器损坏。检修时，应先检查遥控器是否正常。检查的方法有三种：一是用遥控器去遥控一台同类型的正常机，若能遥控，说明遥控器正常，否则说明遥控器有故障；二是用遥控器去遥控一台调幅收音机，将收音机调在中波最低频率上，按遥控器按键，若收音机扬声器能出现"喳喳"声，说明遥控器能发射信号，否则，说明遥控器已损坏；三是打开遥控器后壳，在按动按键的同时，测激励三极管的集电极电压，若万用表指针能抖动一下，说明有遥控信号输出，否则说明遥控器已损坏。

若遥控器正常，再开壳检查红外接收器。可用万用表测 CPU 的遥控输入脚电压，若按遥控器按键时，万用表指针能轻微抖动一下，说明红外接收器正常；否则，说明红外接收器有问题。若红外接收器正常，则说明故障是因 CPU 引起的。

4．CPU、存储器的更换

因数码彩电的 CPU 中写有控制软件，所以 CPU 一般有硬件名称和软件名称，硬件名称是 CPU 生产厂命名的，而软件名称是由彩电生产厂赋予的。有些电视机厂常以硬件名称作为 CPU 的型号，而有的电视机厂却以软件名称作为 CPU 的型号。例如，三洋公司生产的硬件型号为 LC863316A 的 CPU，当它用于长虹 CN-12 机心时，长虹公司将控制软件写入其中，形成掩模片，再以软件型号重新对其命名，得到 CHT0406 或 CHT0410 等型号的 CPU。当 LC863316A 用于康佳 A10 机心时，康佳公司将控制软件写入其中，形成掩模片，然后，仍以硬件名称进行命名，得到型号为 LC863316A 的 CPU，如图 6-18 所示。

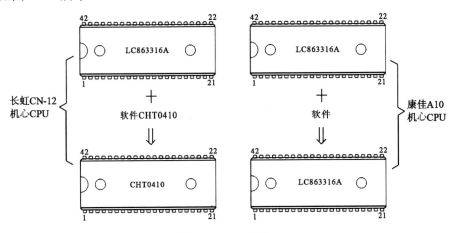

图 6-18　CPU 的命名

了解了 CPU 的上述特点后，就不难得知，当 CPU 损坏后，决不能随便从市面上购一块硬件型号相同的 CPU 换上，这样做很可能使机器无法正常工作，而必须选用彩电生产厂提供的原型号 CPU 进行更换。另外，同一硬件型号的 CPU 一般会在不同厂家所生产的电视机上应用，尽管它们的图标型号一样，但它们彼此之间一般不能相互替换。对于同一品牌、同一机心的数码彩电来说，如果它们的 CPU 引脚功能相同，仅仅只是软件版本不同，则可以用高版本 CPU 来替代低版本 CPU。例如，在长虹 CN-12 机心中，CHT0410 的版本比 CHT0406 的版本高，可以用 CHT0410 代换 CHT0406。

数码彩电的存储器中存有控制信息，当存储器损坏后，应选用厂家提供的已写数据的存储器进行更换。目前大多数彩电具有自动复制功能，因此也可以选用空白存储器进行更换，只要重新开机，CPU 就会对存储器中的数据进行检查，若发现存储器是空的，CPU 就执行复制程序，将自己 ROM 中的控制信息自动写入新存储器中。

五、学生任务

① 给学生每人配置 1 台实验机，先根据电路图清理底板上的遥控系统，直到理清完全部线路为止。

② 进入维修模式，将本机的总线调整项目及数据摘录下来，建立调整清单。试着调整场幅（改变场幅数据，观察场幅的变化），使场幅处于最佳状态，填写任务书。

③ 分析 CPU 的工作条件电路，填写任务书。

④ 测量 CPU 各引脚电压，并将测量结果记录下来，填入任务书中。

⑤ 教师设置故障供学生排除，并完成任务书。注意，一次只设置一个故障，排除后，再设置一个，反复训练。第 1、2 个故障需填写维修报告，其余故障需做维修笔记。

情境  超级芯片

【主要任务】 本情境任务有二，一是让学生了解超级芯片的功能及超级芯片的种类；二是掌握三洋超级芯片和飞利浦超级芯片的外围线路及关键检测点，并能独自处理超级芯片及外围电路的常见故障。

项目教学表

项目名称：超级芯片			课　时	
授课班级				
授课日期				

教学目的：
　　通过教、学、做合一的模式，使用任务驱动的方法，使学生了解超级芯片的功能及超级芯片的种类，掌握超级芯片的外围线路及关键检测点，并能独自处理超级芯片及外围电路的常见故障。

教学重点：
　　讲解重点——超级芯片外围线路分析；
　　操作重点——超级芯片及外围电路的检修。

教学难点：
　　理论难点——超级芯片外围线路分析；
　　操作难点——超级芯片及外围电路故障的检修。

教学方法：
　　总体方法——任务驱动法。
　　具体方法——实物展示、讲练结合、手把手传授、归纳总结等。

教学手段：多媒体手段、实训手段等。

	内　　容	课时	方法与手段	授课地点
课时分配	一、超级芯片概述	1	实物展示、讲授；多媒体手段	多媒体教室
	二、超级芯片分析举例	7（理论4；实训3）	讲授、师徒对话、讲练结合等方法；多媒体、实训手段	多媒体实训室
	三、超级芯片的检修	6（理论2；实训4）	讲授、师徒对话、演示、讲练结合、手把手传授、归纳总结等方法；多媒体、实训手段	多媒体实训室

教学总结与评价	

任务书——超级芯片的检测、总线调节与检修

项目名称	超级芯片的检测、总线调节与检修	所属模块	超级芯片	课　时	
学员姓名		组　员		机　号	

教学地点：

1. 根据电路图清理底板上的超级芯片外围电路，直到理清全部线路为止，并回答以下问题。
（1）写出超级芯片的型号和功能。

（2）TV信号处理部分对应哪些引脚？CPU部分对应哪些引脚？

2. 进入维修模式，将本机的总线调整项目及数据摘录下来，建立调整清单。
（1）写出进入和退出维修模式的方法。

（2）逐项摘录数据，建立调整清单，填写表1。

表1　调整清单

项　目	调整内容	数据	项　目	调整内容	数据

续表

项　目	调整内容	数　据	项　目	调整内容	数　据

3．测量超级芯片正常工作时的各脚电压，并将测量结果记录下来，填入表2中。

表2　各脚电压

引脚	功　能	电压	引脚	功　能	电压
1			33		
2			34		
3			35		
4			36		
5			37		
6			38		
7			39		
8			40		
9			41		
10			42		
11			43		
12			44		
13			45		
14			46		
15			47		
16			48		
17			49		
18			50		
19			51		
20			52		
21			53		
22			54		
23			55		
24			56		
25			57		
26			58		
27			59		
28			60		
29			61		
30			62		
31			63		
32			64		

4．教师设置超级芯片电路故障供学生检修。注意，一次只设置一个故障，排除后，再设置一个，反复训练。第 1、2 个故障需填写以下维修报告，其余故障需做维修笔记。

表 3　故障 1 维修报告

故障现象	
故障分析	
检修过程	
检修结果	

表 4　故障 2 维修报告

故障现象	
故障分析	
检修过程	
检修结果	

其余故障的维修笔记：

教学效果评价	学生评教	学生对该课的评语：	
		总体感觉： 　很满意□　　满意□　　　一般□　　不满意□　　很差□	
	教师评学	过程考核情况	
		结果考核情况	
		评价等级： 　优□　　良□　　中□　　及格□　　不及格□	

教 学 内 容

一、超级芯片概述

1．超级芯片的结构

将中频电路、解码电路、扫描小信号处理电路及 CPU 集成在同一集成块中所形成的电路就称为超级芯片小信号处理器，简称超级芯片。超级芯片有三大特点，一是集成度高，引脚数量多；二是功能强大，外围电路简单；三是能独自构成彩电主体电路，无需外加CPU。图 7-1 就是超级芯片的结构框图，它相当于将单片小信号处理器和 CPU 集成在同一芯片内部，故超级芯片数码彩电的电路结构更为简化，成本也进一步下降。目前，超级芯片应用极为广泛。

值得注意的是，超级芯片的 CPU 部分具有编程能力，其控制端口的具体控制功能可由厂家设定。因此，当同一硬件型号的超级芯片用于不同品牌的彩电时，其控制端口的具体功能会不一样。

2．超级芯片的种类

目前，在国产数码彩电中广泛使用的超级芯片有以下四种。

（1）LA 超级芯片

LA 超级芯片是由日本三洋公司推出的，主要包含 LA76930、LA76931、LA76932、LA76936、LA76938 等型号。目前，我国引进的芯片主要有 LA76930、LA76931 和LA76932 等三种，其中 LA76930 和 LA76931 主要用于小屏幕彩电，而 LA76932 主要用于大屏幕彩电。

（2）TDA 超级芯片

TDA 超级芯片是由飞利浦公司推出的，主要包括 TDA9370、TDA9373、TDA9380、TDA9381、TDA9383 等型号。其中，TDA9370、TDA9380 及 TDA9381 常用于小屏幕彩电，而 TDA9373 和 TDA9383 主要用于大屏幕彩电。

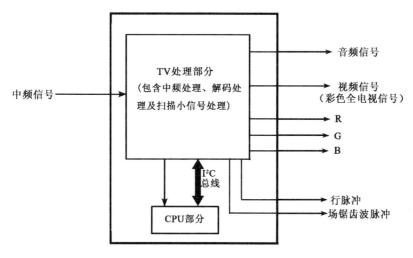

图 7-1　超级芯片的结构框图

（3）TMPA 超级芯片

TMPA 超级芯片是由日本东芝公司推出的，主要包括 TMPA8801、TMPA8803、TMPA8807、TMPA8809、TMPA8823、TMPA8827、TMPA8829、TMPA8859、TMPA8873、TMPA8879 等型号。其中，TMPA8801/8803/8823 主要用于小屏幕彩电，其他型号主要用于大屏幕彩电。

（4）VCT 超级芯片

VCT 系列超级芯片是由德国微科公司推出的，这类芯片中设有视频解码器、行场扫描小信号处理器及微处理器，但未设中频处理器，从而使芯片内部节省了一些空间，利用这些空间可制作画质改善电路，所以，VCT 超级芯片的画质比较好。VCT 超级芯片共有 9 个品种，在国产彩电中广泛使用的有 4 个，即 VCT3801、VCT3802、VCT3803 和 VCT3804。

二、超级芯片分析举例

1. LA 超级芯片

在我国使用的 LA 超级芯片有三种，分别为 LA76930、LA76931 和 LA76932，广泛用于长虹 CH-13 机心，康佳 SA 系列彩电，TCL "Y" 机心，海信 USOC 机心，海尔 V6 机心，创维 6D 系列彩电及 3Y30 机心。

（1）LA76930/76931/76932 内部结构

LA76930/76931/76932 的内部框图如图 7-2 所示，它集 TV 信号处理部分和 CPU 部分于一体。TV 信号处理部分能一举完成图像中频处理、伴音中频处理、视频解码处理、行场扫描小信号处理；CPU 部分能完成整机控制任务。

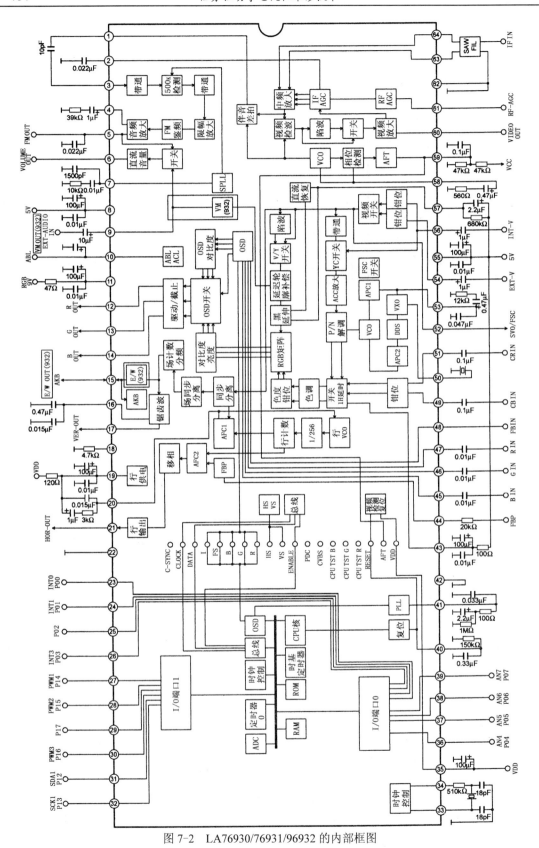

图 7-2　LA76930/76931/96932 的内部框图

TV 信号处理部分的主要特点如下：

① 采用单晶体来产生 PAL/NTSC 制解调所需的副载波。

② 设有 SECAM 制色差分量接口，配合免调试 SECAM 解码芯片（如 LA7642），可以完成 PAL/NTSC/SECAM 三大彩色制式解码任务。

③ 内设自动动态平衡（AKB）系统，不但可以自动完成黑白平衡调整，而且能够始终保持黑白平衡的正确性。

④ 扫描电路中设有双重锁相环路，行、场频率极为稳定。

CPU 部分具有以下一些主要特点：

① 内置 3 种振荡器：RC 振荡器用于系统时钟；VCO 压控振荡器用于系统时钟和 OSD 时钟；晶体振荡器用于时基定时及 PLL 锁相控制。

② 内置 ROM、RAM 及屏显（OSD）RAM。

③ 内置 5 路 8 位 DAC 端口、3 路 7 位 PWM 输出端口、2 个 16 位定时器/计数器、1 个 14 位时基定时器、1 个 8 位同步串行接口及 I^2C 总线兼容接口。

（2）LA76931 在康佳 SA 系列彩电中的应用

康佳 SA 系列彩电代表机型有：F21SA326、T21SA120、T21SA236、T21SA267、T21SA026 等，因这类彩电型号中均含字母"SA"，故统称为 SA 系列彩电。图 7-3 为 LA76931 在康佳 SA 系列彩电中的应用线路，LA76931 掩模后，被命名为 CKP1504S。

① TV 信号处理部分

调谐器输出的中频信号经前置中放 V101 放大和声表面滤波器处理后，送至 LA76931 的 63 脚和 64 脚，进入 LA76931 内部的中频通道，经中频通道处理后，获得视频信号从 60 脚输出，第二伴音中频信号从 1 脚输出。

1 脚输出的第二伴音中频信号经 R337、C340、L343、C341 高通滤波后送至 3 脚，进入内部伴音中频通道，经限幅放大和解调后获得音频信号（TV 音频信号）。9 脚为 AV 音频信号输入端，本机设有两路 AV 输入端子，属并联方式，AV 音频信号从 9 脚输入，在 LA76931 内部与 TV 音频信号进行切换，再经音量调节后从 6 脚输出，送至伴音功放电路。

60 脚输出的视频信号（即 TV 视频信号）经 V302 射随后送至 56 脚，进入内部 TV/AV 开关。由 AV 端子送来的 AV 视频信号从 54 脚输入，也进入内部 TV/AV 开关。TV 视频信号和 AV 视频信号经 TV/AV 开关切换后，送至内部解码电路，并解调成 Y、B-Y 和 R-Y 信号，再与 48 脚、49 脚和 51 脚输入的外部 Y、B-Y 和 R-Y 信号进行切换，切换输出的 Y、B-Y 和 R-Y 信号进入内部矩阵及 RGB 处理电路，最终转化为 R、G、B 信号，分别从 12 脚、13 脚和 14 脚输出，送往末级视放电路。外部 Y、B-Y 和 R-Y 信号一般由 DVD 影碟机送来，通过机器后背的 Y、Cr 及 Cb 端子输入。

21 脚为行扫描脉冲输出端，行扫描脉冲送至行激励电路。17 脚为场锯齿波输出端，场锯齿波送至场输出电路。

② 微处理器部分

CPU 部分由 23～42 脚的内部电路及外部元器件构成，35 脚、33 脚、34 脚及 40 脚外部电路用于给微处理器提供最基本的工作条件。35 脚为供电端子，为了减小电源纹波，提高抗干扰能力，35 脚外部常接有 LC 滤波网络。40 脚为复位端子，外部专门接有复位电路，由 V602 和 VD601 等元器件构成，该电路能在开机后的瞬间向 40 脚提供一个低电平复位脉

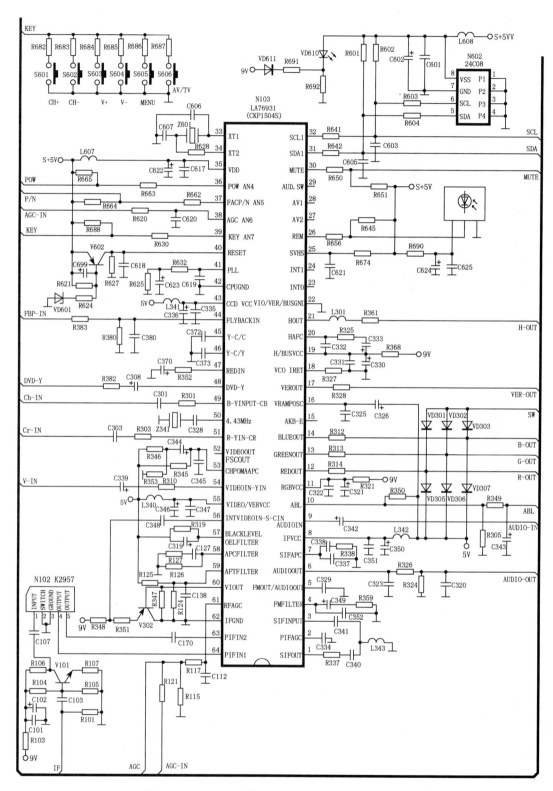

图 7-3   LA76931 在康佳 SA 系列彩电中的应用线路

冲，使微处理器复位。33 脚和 34 脚外接晶体振荡网络，以产生 32.768kHz 的基准时钟，进而获得准确的系统时钟。

31 脚和 32 脚为 I²C 总线端子，外部挂有存储器和调谐器。由于调谐器挂在 I²C 总线上，由 I²C 总线来控制波段切换和调谐过程，这样就省去了调谐控制端子和波段控制端子。

26 脚和 39 脚分别用于遥控指令输入和键控指令输入。26 脚外部接红外接收器，39 脚外接本机键盘，共设有 6 个按键。

30 脚用于静音控制。在正常工作时，30 脚输出低电平；在搜索节目、无信号状态或人工静音时，30 脚输出高电平。此时，伴音功放电路无音频信号输入和输出。

36 脚用于待机控制，在正常工作状态时，36 脚输出高电平（5V）；在待机状态时，36 脚输出低电平（0V）。36 脚输出的控制电压送至电源电路，以控制电源电路的工作状态。

38 脚用于 AGC 检测，由 61 脚输出的 RF AGC 电压一方面送至调谐器，另一方面送至 38 脚，通过 38 脚内部电路进行检测后，即可识别信号的强弱，并自动调节 RF AGC 的启控点，使 RF AGC 的启控点总是处于最佳状态。

（3）LA76931（CKP1504S）检修数据

LA76931（CKP1504S）在康佳 SA 系列彩电中的检修数据见表 7-1。表中数据是在康佳 T21SA120 彩电中测得的。

表 7-1　LA76931（CKP1504S）检修数据

引脚	符　号	功　能	电压（V）	对地电阻（kΩ）	
				红笔接地	黑笔接地
1	SIFOUT	第二伴音中频输出	2.2	12	10
2	PIF AGC	IF AGC 滤波	2.7	11	10
3	SIF INPUT	第二伴音中频输入	3.1	11.5	11
4	FM FILTEM	FM 滤波	2.0	11.5	11
5	FMOUT/AUDIOOUT	FM 鉴频音频输出	2.4	10.5	9.5
6	AUDIOOUT	音频信号输出	2.3	2.5	3.0
7	SIF APC	伴音 PLL 滤波器	2.3	12	12
8	IF VCC	中频电源输入	5.0	0.5	0.5
9	AUDIO IN	外部音频输入	1.8	13	11
10	ABL	ABL 电压输入	3.8	11	10
11	RGBVCC	RGB 电源输入	8.3	0.4	0.4
12	RED OUT	R 输出	2.5	7.0	10
13	GREEN OUT	G 输出	2.5	7.0	10
14	BLUE OUT	B 输出	2.5	7.0	10
15	AKB-E	不连接	0	∞	∞
16	VRAMPOSC	场锯齿波形成	1.9	11	11
17	VEROUT	场脉冲输出	2.3	11	10
18	VCOIREF	行振荡器基准电流设置	1.7	4.5	4.5
19	H/BUS VCC	行/总线电源	5.1	0.5	0.5
20	HAFC	行 AFC 滤波	2.8	13	11

续表

引脚	符　号	功　能	电压（V）	对地电阻（kΩ）	
				红笔接地	黑笔接地
21	HOUT	行脉冲输出	0.5	9.0	10
22	VIO/VER/BUSGND	视频/色度/偏转地端	0	0	0
23	INT0	I/O 端口（未用）	0	∞	4.0
24	INT1	I/O 端口（未用）	0	∞	4.0
25	SVHS	SVHS 控制	5.0	10	4.0
26	REM	遥控指令输入	4.9	11	4.0
27	AV2	I/O 端口（未用）	0	24	8.0
28	AV1	I/O 端口（未用）	0	24	8.0
29	AUD.SW	14bit PWM 脉冲输出（未用）	0	24	8.0
30	MUTE	静音控制	0	11	9.0
31	SDA1	I²C 总线数据端	4.8	11	7.0
32	SCL1	I²C 总线时钟端	4.8	11	7.0
33	XT1	时钟振荡器	0.1	25	8.0
34	XT2	时钟振荡器	2.0	23	8.0
35	VDD	CPU 电源输入	5.0	6.0	5.0
36	POW AN4	待机控制	5.0	6.0	5.0
37	FACP/N AN5	I/O 端口（未用）	4.9	12	8.0
38	AGC AN6	AGC 检测	2.1	10	8.0
39	KEY AN7	键控输入	4.9	13	8.0
40	RESET	复位输入	5.1	6.0	5.5
41	PLL	时钟 PLL 滤波	3.2	24	8.0
42	CPU GND	CPU 接地	0	0	0
43	CCD VCC	CCD 电源	5.1	0.4	0.4
44	FLYBACK IN	行逆程脉冲输入	0.8	3.0	3.0
45	Y-C/C	Y/C 模式色度 C 输入	2.2	12	11
46	Y-C/Y	Y/C 模式亮度 Y 输入	2.5	12	12
47	REDIN	DDS 滤波器	2.4	12	12
48	DVD-Y	YUV 模式 Y 输入	2.5	12	11
49	B-Y INPUT-CB	YUV 模式 B-Y 输入	1.9	11	10
50	4.43MHz	4.43MHz 晶体	2.6	12	11
51	R-Y IN-CR	YUV 模式 R-Y 输入	1.9	11	11
52	VIDEOOUT/FSCOUT	所选视频输出或 f_{SC} 输出	2.4	13	11
53	CHPOMA APC	色度 APC 滤波	2.8	12	11
54	VIDEO IN-YIN	外部视频输入	2.5	12	11
55	VIDEO/VER VCC	视频/色度/偏转电路电源	4.9	0.4	0.4
56	INTVIDEO IN-S-CIN	TV 视频输入	2.5	12	11
57	BLACKLEVELOELFILTER	黑电平延伸滤波	2.9	11	10
58	APCFILTER	IF APC 滤波器	2.4	11	10

续表

引脚	符　　号	功　　能	电压（V）	对地电阻（kΩ）	
				红笔接地	黑笔接地
59	AFT FILTER	AFT 滤波	1.9	11	8.0
60	VI OUT	TV 视频输出	2.5	9.0	8.0
61	RF AGC	RF AGC 输出	1.9	10	8.0
62	IF GND	中频电路接地端	0	0	0
63	PIF IN2	中频信号输入	2.9	11	10
64	PIF IN1	中频信号输入	2.9	11	10

（4）I^2C 总线调整

① 维修模式的进入。

康佳 SA 系列彩电的 I^2C 总线调整比较简单，按用户遥控器上的"MENU"键之后，再连续按 3 次"智能显示"键，即可进入维修模式，屏幕上出现调试菜单。

按遥控器上的"P+/P−"键可选择调整项目；按"V+/V−"键可改变项目数值。

调整完毕，按遥控器上的"智能显示"键，即可退出维修模式。

② 调整菜单。

调整菜单见表 7-2～表 7-6，表 7-5 和表 7-6 为模式菜单，一般不能随意调整，只能用于校对。

表 7-2　FACTORY MENU 00

调 整 项 目	调 整 内 容	典 型 数 据
H-PHASE	行相位调整	11
OSD-H-POSITION	OSD 行中心调整	25
V-SIZE	场幅调整	82
V-POSITION	场中心调整	1
V-LINEARRITY	场线性调整	22
V-SC	场 S 校正调整	4
V-KILL	关闭场扫描	0
SUB-BRIGHT	副亮度调整	50
RF-AGC-AUTO	自动 AGC 调整	25

表 7-3　FACTORY MENU 01

调 整 项 目	调 整 内 容	典 型 数 据
H-BLK-L	行左消隐	1
H-BLK-R	行右消隐	1
TUNER	高频头选择	0（0：QJ；1：ALPS）
VOL LINEAR MEASURE	音量控制调整	0
B-Y DC LEVEL	B-Y 直流电平	10
R-Y DC LEVEL	R-Y 直流电平	11
B-Y DC LEVEL-YUV	B-Y 直流电平（YUV 状态）	10
R-Y DC LEVEL-YUV	R-Y 直流电平（YUV 状态）	8

表 7-4　FACTORY MENU 02

调 整 项 目	调 整 内 容	典 型 数 据
RED-BLAS	R 截止电平	117
GREEN-BIAS	G 截止电平	134
BLUE-BLAS	B 截止电平	153
RED-DRIVE	R 增益	99
GREEN-DRIVE	G 增益	15
BLUE-DRIVE	B 增益	92

表 7-5　OPTION MENU 00

调 整 项 目	调 整 内 容	典 型 数 据
BACK COVER OPTION	拉幕开关	0
Q-ASM OPTION	快速搜台开关	1
OPT-AV-SYSTEM	AV 状态预置	0
Y-IN	DVD-Y 输入端子选择	0（0：48 脚；1：54 脚）
OPT-YUV	YUV 开关	1
LANGUAGE SW CE	语言控制开关	0
ENG 0：CHI　1	语言选择	1（1：中文；0：英文）

表 7-6　OPTION MENU 01

调 整 项 目	调 整 内 容	典 型 数 据
LV1116 OPT	LV1116 预置开关	0（1：预置；0：不预置）
AUDIO SW	音频开关	1
SIF6.5M	6.5M 伴音中频开关	1
SIF6.0M	6.0M 伴音中频开关	1
SIF5.5M	5.5M 伴音中频开关	1
SIF4.5M	4.5M 伴音中频开关	1

2. TDA 超级芯片

TDA 超级芯片主要包含 TDA9370、TDA9373、TDA9380、TDA9381、TDA9383 等型号，广泛用于康佳 K/N 系列彩电，长虹 CH-16 机心，TCL "U" 系列彩电，创维 3P30/4P30/5P30 机心等。

（1）TDA 超级芯片内部结构

TDA9370、TDA9373、TDA9380、TDA9381、TDA9383 等超级芯片结构框图如图 7-4 所示，它集 TV 处理器和 CPU 于一体。

TV 信号处理部分的主要特点如下：

① TV 信号处理器能完成图像中频信号到 R、G、B 三基色信号的转换；还能完成伴音解调处理及扫描脉冲的产生。

② 内置视频切换开关，可对内部视频信号与外部视频信号或 S 端子 Y 信号及 C 信号进行选择。

③ 微处理器、图文解码和彩色解码仅需一个 12MHz 晶体作为时钟基准频率。

④ PAL/NTSC 等彩色制式自动检测。

⑤ 内部设有连续阴极校正（CCC）电路，能控制 RGB 输出电平，以完成黑白平衡自动调整。

⑥ 行同步系统包含两个控制环和自动调节的行振荡器。场驱动信号采用平衡输出方式。

⑦ 具有行、场几何失真校正电路。

微处理器部分的主要特点如下：

① 具有 80C51 微控制器的标准指令和定时关系。

② 16～128KB 可编程 ROM。

③ 具有供显示数据捕获用的 3～12KB 扩展 RAM。

④ 内设两个 16 位定时/计数寄存器。

⑤ 内设有监视定时器及 8 位 A/D 变换器。

⑥ 其中有 4 个引脚既可用做通用 I/O 端口，也可编程处理后用做 ADC 输入或 6 位 PWM 输出。

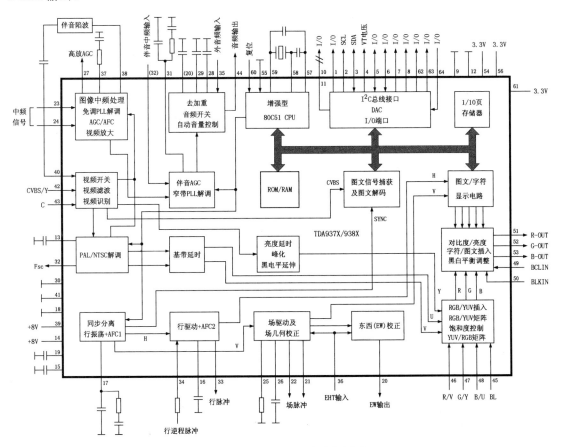

图 7-4 TDA 超级芯片结构框图

（2）TDA9380 在康佳 "K/N" 系列彩电中的应用

康佳 "K/N" 系列小屏幕彩电所用的超级芯片为 TDA9380，掩膜后命名为 CKP1402S。

① TV 信号处理部分。

TV 信号处理电路如图 7-5 所示。

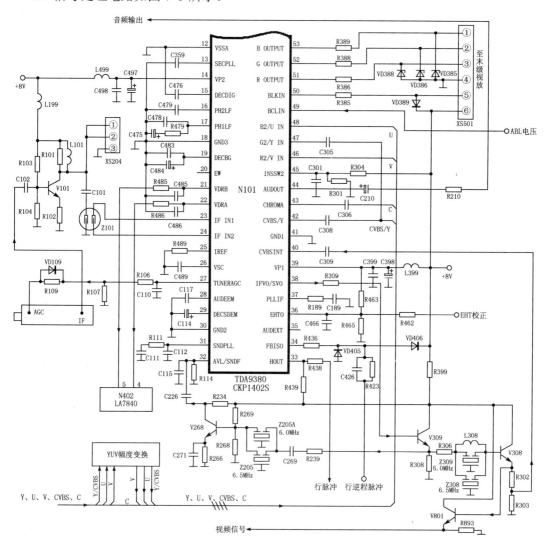

图 7-5 TV 信号处理电路

调谐器输出的中频信号经前置放大器 V101 放大后，再由声表面滤波器送至 TDA9380（CKP1402S）23 脚和 24 脚，进入内部中频通道。经中频通道处理后，得到视频信号和第二伴音中频信号从 38 脚输出，送至 V309。经 V309 缓冲后，分两路传输。一路经 R239、C269 送至伴音中频滤波器，由 Z205 和 Z205A 选出 6.5MHz（D/K 制）或 6.0MHz（I 制）的第二伴音中频信号，并经 V268 放大后送至 32 脚。另一路送至伴音陷波器，由 L308、Z308、Z309 吸收掉 6.5MHz 及 6.0MHz 的第二伴音中频信号，分离出视频信号送至 V308。经 V308 射随后，一方面由 V801 送出机外，另一方面，送回到 40 脚，进入内部视频通道。

视频通道具有信号源选择能力，能对 40 脚输入的 TV 视频信号。42 脚输入的 AV 视频信号或 S 端子亮度信号，以及 43 脚输入的 S 端子色度信号进行选择。当电路工作于 TV 状态时，选择 40 脚输入的 TV 视频信号；当电路工作于 AV 状态时，选择 42 脚输入的 AV 视频信号；当电路工作于 S-VHS 状态时，则选择 42 脚输入的 S 端子亮度信号和 43 脚输入的 S 端子色度信号。选择后的信号由内部电路进行解码处理，最后得到 R、G、B 三基色信号，分别从 51 脚、52 脚和 53 脚输出，送至末级视放电路。本机设有 YUV 端子，能直接输入 YUV 信号，YUV 信号经幅度变换后，分别送至 47 脚、48 脚及 46 脚，供内部电路选择。

32 脚输入的第二伴音中频信号进入内部伴音中频通道，经放大、限幅及解调处理后，从 44 脚输出音频信号送至 AV 切换电路。

场扫描脉冲从 21 脚和 22 脚输出，送至场输出电路 N402。行扫描脉冲从 33 脚输出，送至行激励电路。

36 脚和 49 脚外部电路如图 7-6 所示。49 脚用于 ABCL（是 ABL 和 ACL 的缩写，即自动亮度和自动对比度控制）电压输入及场保护电压输入。当屏幕亮度在正常范围内时，A 点电压较高，VD466 截止，ABCL 电路不启控。当屏幕亮度过大时，A 点电压下降较多，VD466 导通，从而使 49 脚电压也下降，ABCL 电路启控，自动调节图像的亮度和对比度，使亮度和对比度下降。ACL 的启控时间要早于 ABL，即当 A 点电压下降到一定程度时，ACL 电路先启控，使图像对比度降低。如果 A 点电压再继续下降，则 ACL 和 ABL 电路均启控，使对比度和亮度均下降。49 脚还是场保护信号输入端，在场逆程期间，N402（场输出电路）7 脚输出的场逆程脉冲送入 49 脚，只要 49 脚内部电路检测到有场逆程脉冲输入，就判断场扫描电路工作正常。若 49 脚内部电路未检测到场逆程脉冲输入，或场逆程脉冲直流电平过高或过低时，就判断场扫描电路有故障，并立即停止 RGB 信号的输出，机器处于黑屏状态。

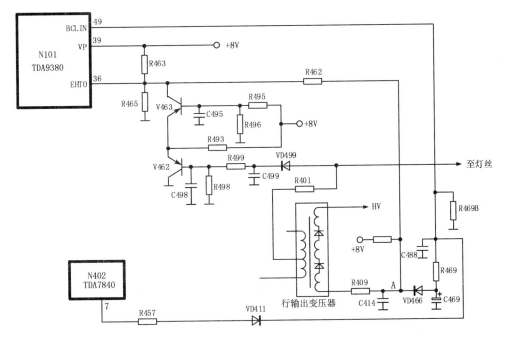

图 7-6　36 脚和 49 脚外部电路

36 脚用于 EHT 校正（高压校正）及过压保护。当高压变化时，图像幅度也会随之产生伸缩现象，通过 EHT 校正可克服这种现象。例如，当图像亮度变亮引起高压下降进而导致图像幅度变大时，A 点电压会下降。A 点电压送入 36 脚，使 36 脚电压也下降，经内部电路校正后，及时调节图像幅度，使图像幅度减小，这样就可有效避免图像幅度因亮度变化而产生伸缩的现象。36 脚还用于过压保护。在正常情况下，行输出变压器灯丝绕组输出的行逆程脉冲幅度较低，经 VD499 整流、C499 滤波后，所产生的直流电压也较低，V462 导通，其发射极电压较低，使 V463 截止，不影响电路的工作情况。当某种原因引起行逆程脉冲幅度过高时，经 VD499 整流、C499 滤波后得到的直流电压较高，V462 截止，其发射极电压增高，使 V463 导通，从而使 36 脚电压也增高，内部电路自动保护，并停止行脉冲的输出，整机三无。

② 供电电路。

超级芯片供电电路如图 7-7 所示，供电电压由 TDA8133 来提供。TDA8133（N903）为双路输出稳压集成块，1 脚和 2 脚输入 13V 电压，经内部电路稳压后，得到+5V 电压从 9 脚输出，得到+8V 电压从 8 脚输出。+5V 电压主要给微处理器部分供电，+8V 电压主要给 TV 处理器部分供电。其中+8V 电压属于可控电压，只有当 TDA8133 的 4 脚为高电平时，8 脚才有+8V 输出；若 4 脚为低电平，8 脚就会停止+8V 的输出。因而通过控制 4 脚的电压就可控制 8 脚输出的有无。

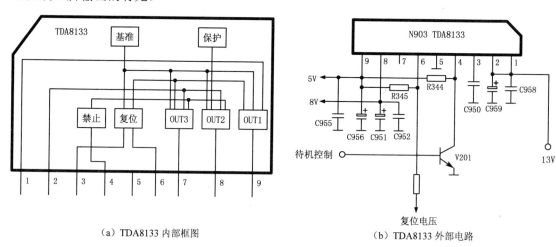

（a）TDA8133 内部框图　　　　　　　　　（b）TDA8133 外部电路

图 7-7　供电电路

③ 微处理器部分。

微处理器部分如图 7-8 所示。它主要由 TDA9380（CKP1402S）的 1 脚～11 脚及 54 脚～64 脚的内部电路和外围电路组成，在外部存储器 N601（AT24C08）的配合下，完成对整机的各项控制。下面以引脚顺序逐一分析微处理器部分的工作情况。

1 脚为待机控制端，正常工作时，此脚输出低电平，不影响电路的工作情况。待机时，此脚输出高电平，一方面送至 V269，使 V269 饱和，将 33 脚的行脉冲旁路到地，整机三无；另一方面送至 V201，使 V201 饱和，TDA8133 的 4 脚变为低电平，TDA8133 的 8 脚停止+8V 电压的输出，TV 处理器因得不到供电而停止工作，整机处于待机状态。

2 脚和 3 脚为 I²C 总线端子，I²C 总线上挂有存储器，TDA9380 与存储器之间的数据交换是依靠 I²C 总线来完成的。I²C 总线还与立体声处理器（N203）及 NICAM（丽音）处理器（N1102）相连，TDA9380 通过 I²C 总线来实现对立体声处理器及 NICAM 处理器的控制。

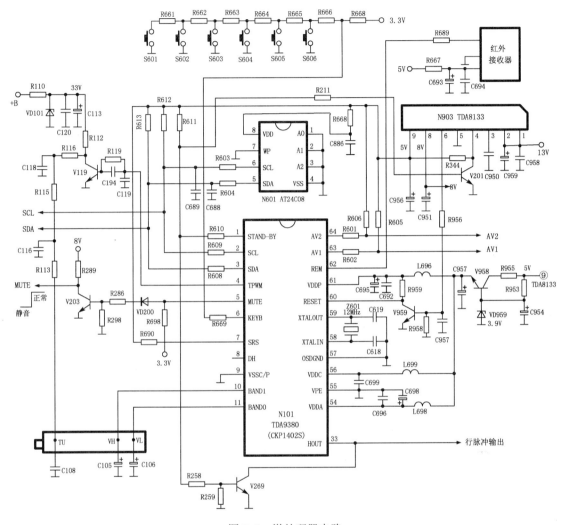

图 7-8　微处理器电路

4 脚为调谐 PWM 脉冲输出端，PWM 脉冲经 V119 倒相放大后，再由 R116、C118、R115、C116，R113、C108 三级积分滤波后，转换为直流电压，送至调谐器的 TU 端，实现搜台控制。在自动搜索时，4 脚电压在 3.3～0V 之间变化，调谐器的 TU 端电压在 0～33V 之间变化，从而实现从低频道往高频道搜索。在正常观看节目时，4 脚电压保持稳定，调谐器的 TU 端电压也保持稳定。

5 脚为静音控制端，正常收视状态下，5 脚为低电平，不影响伴音功放电路的工作情况。在自动搜索、换台及人工静音时，5 脚输出高电平，经 V203 倒相后，送至伴音功放电路，使伴音功放电路停止音频信号输出，机器处于静音状态。

6 脚为键控指令输出端，外接本机键盘，共设六个按键，属于电阻分压式键盘，每按一个按键，6 脚都会得到一个相应的电压输入，通过 6 脚内部电路对该电压进行识别后，再完成相应的操作。

7 脚为 SRS（环绕声）音效控制端，在小屏幕机中，由于未设 SRS 音效处理电路，故 7 脚的控制功能实际未被使用。

8 脚为地磁校正控制端，本机未使用这一控制功能。

10 脚和 11 脚为波段控制端，控制电压送至调谐器，控制调谐器的工作波段。

54 脚、56 脚及 61 脚为供电端子，采用 3.3V 电压供电，供电电压由 V958 提供。V958 与 VD959 组成一个 3.3V 稳压电路，它将 N903（TDA8133）9 脚输出的 +5V 电压转化为 3.3V 电压，提供给 54 脚、56 脚及 61 脚。

58 脚和 59 脚外接时钟振荡器，时钟频率为 12MHz。

60 脚为复位端子，外接复位电路。每次开机后的瞬间，TDA8133 的 6 脚输出一个低电平，使 V959 截止，集电极输出高电平，送至 60 脚，使微处理器复位。复位完毕，TDA8133 的 6 脚变为高电平，V959 饱和，60 脚保持低电平。

62 脚为红外遥控信号输入端，外接红外接收器。

63 脚和 64 脚为 AV 控制端，控制电压送至 N801 和 N802，控制 N801 和 N802 的工作状态。

（3）检修数据

超级芯片 TDA9380（CKP1402S）的检修数据见表 7-7，表中数据是在康佳 T2168K 型彩电上测得的。

表 7-7　TDA9380（CKP1402S）检修数据

引　脚	符　号	功　能	电压（V）		对地电阻（kΩ）	
			有信号	待机	红笔接地	黑笔接地
1	STAND-BY	待机控制	0	3.2	4.1	4.1
2	SCL	I²C 总线时钟端	2.1	5.1	5.5	5.2
3	SDA	I²C 总线数据端	2.1	5.1	5.5	5.2
4	TPWM	电台调谐控制	3.3～0	3.3～0	14	8.5
5	MUTE	静音控制	0	3.1	42	7.5
6	KEYB	键盘控制输入	3.2	3.2	8	5.5
7	SRS	SRS 音效开关控制（未用）	4.7/0	0	∞	8.5
8	DH	地磁校正控制	0.1	0.1	∞	9
9	VSSC/P	数字部分接地	0	0	0	0
10	BAND1	波段控制 1	4.6/0.1	0	2.2	2.2
11	BAND0	波段控制 0	4.6/0.1	0.2	2.2	2.2
12	VSSA	模拟部分接地	0	0	0	0
13	SECPLL	锁相环滤波	2.4	0	12.5	9.5
14	VP2	TV 处理器供电（+8V）	7.9	0.4	0.8	0.8
15	DECDIG	TV 处理器数字部分滤波	5	0	11	7
16	PH2LF	鉴相器 2 滤波	3.4	0	13	9
17	PH1LF	鉴相器 1 滤波	3.8	0.4	13	9
18	GND3	TV 处理器接地端 3	0	0	0	0
19	DECBG	去耦滤波	3.8	0	13.2	8.2

续表

引　　脚	符　号	功　　能	电压（V）		对地电阻（kΩ）	
			有信号	待机	红笔接地	黑笔接地
20	EW	未用	0	0	13.9	8.9
21	VDRB	场扫描脉冲输出 B	0.6	0	2.2	2.2
22	VDRA	场扫描脉冲输出 A	0.6	0	2.2	2.2
23	IF IN1	中频信号输入 1	1.9	0	12	9
24	IF IN2	中频信号输入 2	1.9	0	12	8.5
25	IREF	参考电流设置	3.8	0	12	8.5
26	VSC	锯齿波形成端	3.8	0	13.2	9
27	TUNER AGC	RFAGC 输出	3.2	0.1	5.5	5.5
28	AUDEEM	音频去加重	2.9	0	13	9.5
29	DECSDEM	伴音解调去耦滤波	2.3	0.5	13	9.5
30	GND2	TV 处理器接地端 2	0	0	0	0
31	SNDPLL	伴音窄带 PLL 滤波器	2.2	0	13	9.5
32	AVL/SNDIF	第二伴音中频输入	0.1	0	9	7
33	HOUT	行激励信号输出	0.6	0	2.5	2.5
34	FBISO	行逆程脉冲输入/沙堡脉冲输出	0.5	0	12	8.2
35	AUDEXT	外部音频输入	3.6	0	13	8.2
36	EHTO	EHT 校正/过压保护输入	1.8	0	11	9
37	PLLIF	中频 PLL 环路滤波器	2.4	0	13	9
38	IFVO/SVO	视频输出	3.2	0.1	11.2	8.7
39	VP1	TV 处理器主供电端	8	0.1	0.8	0.8
40	CVBSINT	内部（TV）视频信号输入	3.9	0	13	9.5
41	GND1	TV 处理器接地端 1	0	0	0	0
42	CVBS/Y	外部视频或亮度信号输入	3.3	0.1	13	9
43	CHROMA	S 端子色度信号 C 输入	1.5	0	13	9.5
44	AUDOUT	音频输出	3.4	0.1	13	9.2
45	INSSW2	RGB/YUV 模式控制	1.1	0	0.8	0.8
46	R2/V IN	R 输入/V 输入	2.5	0	13	9.5
47	G2/YIN	G 输入/Y 输入	2.5	0	13	9.5
48	B2/U IN	B 输入/U 输入	2.5	0	13	9.5
49	BCLIN	束电流限制输入/场保护输入	2.2	0	12.5	8.5
50	BLKIN	黑电流输入	6.4	0.1	12.5	8.5
51	R OUTPUT	红基色输出	3.9	0.1	13	8.5
52	G OUTPUT	绿基色输出	3.9	0.1	13	8.7
53	B OUTPUT	蓝基色输出	3.8	0.1	13	8.7
54	VDDA	TV 处理器数字供电端	3.2	3.2	6.5	4.5
55	VPE	OTP 编程电压（接地）	0	0	0	0
56	VDDC	微处理器数字供电端	3.2	3.2	6.5	4.5
57	OSCGND	振荡器接地端	0	0	0	0
58	XTAL IN	晶振输入	1.5	1.3	20	6
59	XTAL OUT	晶振输出	1.6	1.6	18	6

引　脚	符　　号	功　　能	电压（V）		对地电阻（kΩ）	
			有信号	待机	红笔接地	黑笔接地
60	RESET	复位	0	0.6	10	6
61	VDDP	数字电路电源	3.2	3.2	6.5	4.5
62	REM	遥控信号输入	5	5	22	6.5
63	AV1	TV/AV 切换控制 1	0	0	5.5	6
64	AV2	TV/AV 切换控制 2	0	0	5.5	6

（4）康佳"K/N"系列彩电 I^{2}C 总线调整

① 维修模式的进入与退出。

使用工厂遥控器 KK-Y252 进行调整，也可使用用户遥控器代替工厂遥控器进行调整（"K/N"系列彩电总线调整用的工厂遥控器与用户遥控器功能相同）。

按本机"MENU（菜单）"键，屏幕显示菜单（菜单显示保持时间为 10 秒），在菜单未消失之前连续按遥控器"回看"键 5 次，便进入工厂调试菜单，即维修模式。

调试完毕，按一次"回看"键，即可退出维修模式，回到正常收看状态。

② 调整方法。

进入工厂调试菜单后，按压"MENU"键可依次对菜单 1 至菜单 6（即 FACTORY1～FACTORY6）进行选择，有的机型只有 5 个调整菜单。选中某一菜单后，用"节目∧/∨"键可选择调整项目，选中者变为红色。再用"VOL+/-"键可对该项目的参数进行调整。各项调整菜单见表 7-8～表 7-13。

表 7-8　调整菜单 FACTORY1

项　　目	调整内容	可调范围	参考值
CHANNEL	频道选择	0～239	100
V SLOPE	场线性调整	0～63	38
V SHIFT	场中心位置调整	0～63	35
V SCOR	场 S 校正调整	0～63	15
V AMP	场幅调整	0～63	38
H SHIFT	行中心调整	0～63	40
EW WIDTH	行幅调整	0～63	60
EW PARABOLA	枕形校正调整	0～63	24

表 7-9　调整菜单 FACTORY2

项　　目	调整内容	可调范围	参考值
H PARALLEL	平行四边形调整	0～63	40
H BOW	弓形校正调整	0～63	10
ALINE	水平亮线功能	关/开	关
EW UPCORNER	东西上角调整	0～63	01
EW LOCORNER	东西下角调整	0～63	08
EW TRAPZIUM	东西梯形调整	0～63	19

项 目	调整内容	可调范围	参考值
V ZOOM16：9	16：9场变焦	0～63	02
V ZOOM	4：3场变焦	0～63	28

表 7-10　调整菜单 FACTORY3

项 目	调整内容	可调范围	参考值
AGC	AGC 调整	0～63	18
OSDV-POSITION	字符垂直位置调整	0～63	46
OSDH-POSITON	字符水平位置调整	0～63	09
SRS-SW	SRS 音效开关	开/关	开
AVL	自动音量控制	关/开	关
AV NUMBER	AV 输入组数	0～5	05
OSD BRIGHTNES	字符亮度	0～15	07

表 7-11　调整菜单 FACTORY 4

项 目	调整内容	可调范围	参考值
RED GAIN	红增益	0～63	34
BLUE GAIN	蓝增益	0～63	34
GREEN GAIN	绿增益	0～63	34
RED LEVEL	红电平	0～16	08
GREEN LEVEL	绿电平	0～16	08

表 7-12　调整菜单 FACTORY 5

项 目	调整内容	可调范围	参考值
MAX BRIGHTNES	最大亮度设定	0～63	46
MIN BRIGHTNES	最小亮度设定	0～15	10
MAX CONTRAST	最大对比度设定	0～63	55
SUB CONTRAST	副对比度设定	0～15	10
MAX COLOUR	最大色饱和度设定	0～63	50
MAX SHARPNESS	最大清晰度设定	0～63	35
MAX VOLUME	最大音量设定	0～63	50
SOUND FILTER	伴音滤波器选择	0～03	03

表 7-13　调整菜单 FACTORY 6

项 目	调整内容	可调范围	参考值	备 注
ROTAION-SW	地磁校正开关	开/关	关	29 寸镜面机设定"开"
LUMDELAY	亮度延迟线		07	不用调
HAVE WOOFER	重低音开关	开/关	开	根据不同机型确定开/关
MUTE-21 ON	静音开关选择	开/关	关	
VCR	录像模式设置	开/关	开	不用调
GAME	游戏设置	开/关	开	不用调

三、超级芯片的检修

1. 超级芯片的互换

超级芯片损坏时，不能用市售的空白芯片替代，否则，机器无法正常工作。不同厂家所用的超级芯片，因其软件的不同，也不能相互代换。

对于同一品牌的相同机心彩电来说，高版本的掩模片一般能替代低版本的掩模片。

2. 存储器的互换

超级芯片外部的存储器存有本机的控制软件，一旦损坏，切莫用市售的空白存储器进行替换，必须使用原厂提供的已写程序的存储器来替换。对于具有初始化功能的机器来说，当存储器损坏后，可以使用空白存储器进行更换，但更换后，需进入维修模式，按相应方法对存储器进行初始化，使 CPU 中控制数据写入到存储器中，电视机就能正常工作了。初始化后，还应对电视机进行必要的调整，以确保机器能工作在最佳状态。

3. LA76931（CKP1504S）的关键检测点

LA76931 的关键检测点如图 7-9 所示，通过检测这些点可以判断故障部位。

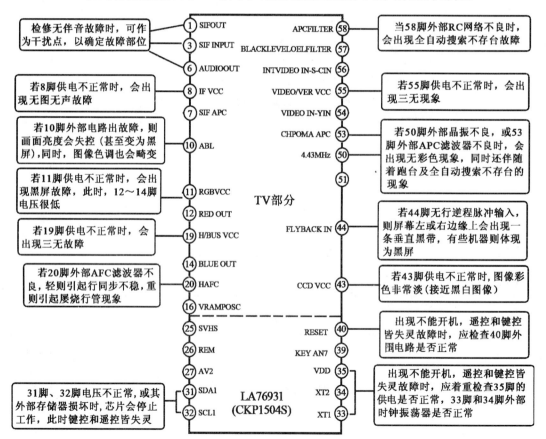

图 7-9　LA76931 的关键检测点

4．TDA 超级芯片检修要点

（1）微处理器的工作条件

54 脚、56 脚、58 脚、59 脚、61 脚的电压是否正常，是决定微处理器部分能否正常工作的先决条件。当这些引脚电压不正常或外围电路有故障时，TDA 超级芯片内部的微处理器就会停止工作，引起不能二次开机的现象；或者开机后出现机器不能正常运行、且遥控和键控皆失灵、机器处于三无状态的现象。

（2）I^2C 总线电压

2 脚和 3 脚为 I^2C 总线端子，外部至少接有存储器，有的还接有其他被控电路。当 2 脚和 3 脚电压不正常时，机器一般会出现不能二次开机的现象。2 脚和 3 脚采用开路漏极输出方式，它们与电源之间接有上拉电阻，当 2 脚和 3 脚电压不正常时，可先对上拉电阻及总线与地之间的电容进行检查，若无问题，再用开路法检查被控电路。若断开某被控电路后，总线电压恢复正常，则该被控电路即为故障所在。

当 2 脚和 3 脚电压完全等于 5V，且不摆动时，说明超级芯片内部的微处理器不工作，应重点对微处理器的工作条件进行检查。当 2 脚或 3 脚电压低于正常值时，一般是其外部电路有问题。当 2 脚和 3 脚电压高于正常值且摆动时，则应对 14 脚和 39 脚的供电电压进行检查，以及对 15 脚、19 脚外部的滤波电容进行检查。另外，对于长虹 CH-16 机心来说，当 25 脚外部电阻开路时，也会引起总线电压高于正常值，且摆动。

（3）值得注意的一些引脚

16 脚和 17 脚外接 AFC2 和 AFC1 滤波器，当其外部元器件损坏后，轻者出现同步不稳或不同步现象，重者出现机器自我保护、不能二次开机的现象。

25 脚为场基准电流设置端，25 脚外部电阻的大小决定对锯齿波电容的充电速度及充电幅值。当 25 脚外部电阻阻值增大时，会出现场幅减小的现象。若 25 脚外部电阻开路时，就会导致锯齿波无法形成，呈现的故障现象也多种多样（与软件设置有关）。例如，在 TCL "U" 系列彩电中，会出现水平亮线现象；在康佳 "K/N" 系列彩电或长虹 CH-16 机心中，若锯齿波未能形成，就会使芯片自我保护，机器处于三无状态或待机状态。

49 脚用于 ABL 控制，在康佳 K 系列彩电中还用于场保护。49 脚电压在 2.0～3.5V 之间，当 49 脚电压不正常时，芯片内部亮度通道工作会不正常或进入自我保护状态。例如在长虹 CH-16 机心中，若 49 脚电压不正常，常表现为画面背景变暗，图像变淡的现象。但在海信超级芯片彩电中，若 49 脚电压不正常，常会引起 TDA9373 自我保护，出现黑屏现象。

50 脚为黑电流检测输入端，由末级视放电路送来的黑电流检测电压从 50 脚输入。正常工作时，50 脚电压在 7V 左右。若 50 脚电压偏离较大时，芯片会自我保护，出现黑屏现象。此时，51 脚、52 脚和 53 脚无三基色信号输出（这三脚的直流电压很低）。在检修过程中，若加速极电压调节不当，也会导致黑电流检测不正常，引起黑屏现象。

34 脚为行逆程脉冲输入端，同时又是沙堡脉冲输出端。34 脚输入的行逆程脉冲主要送至芯片内部 AFC2 电路，34 脚产生的沙堡脉冲送至内部亮度处理、色度处理及保护电路。当 34 脚无行逆程脉冲输入时，沙堡脉冲也就无法形成，内部保护电路检测不到沙堡脉冲，就会使芯片自我保护。在海信超级芯片彩电中，自我保护的结果使机器出现黑屏现象；在长虹 CH-16 机心中，自我保护的结果将切断 33 脚行脉冲的输出，出现三无现象。

另外，是否使用 34 脚的保护功能，还取决于厂家的软件设置。若厂家未使用 34 脚的保护功能，则当 34 脚无行逆程脉冲输入时，仅引起图像左移或右移的现象。

36 脚用于高压反馈和 EHT 保护，该脚电压为 1.8V 左右。若 36 脚偏离过多，芯片也会进入保护状态，出现黑屏、自动关机（进入待机状态）或光栅伸缩的现象。

TDA 超级芯片中无专门的副载波振荡电路，彩色副载波是由微处理电路中的 12MHz 时钟信号经分频后产生的，当 12MHz 时钟偏离正常值时，就有可能导致无彩色的现象。此时，应对 58 脚和 59 脚外部的时钟振荡器进行检查。

TDA 超级芯片的 45 脚电压决定 YUV/RGB 输入模式，当 45 脚大于 1V 时，TDA 超级芯片支持 YUV 输入方式。此时，要求 47 脚、48 脚和 46 脚分别输入 Y（亮度）、U（B-Y）及 V（R-Y）信号。若 45 脚电压小于 1V，TDA 超级芯片将支持 RGB 输入方式，此时，要求 46 脚、47 脚和 48 脚分别输入 R、G、B 信号。绝大多数 TDA 超级芯片彩电设有 YUV 输入端子，45 脚电压设置在 1V 以上，若 45 脚外部电路出现故障而引起 45 脚电压小于 1V 时，机器就出现不能接收外部 YUV 信号的故障。

四、学生任务

① 给学生每 2 人配置 1 台超级芯片数码彩电，先根据电路图清理底板上的超级芯片外围线路，直到理清全部线路为止。

② 进入维修模式，将本机的总线调整项目及数据摘录下来，建立调整清单，填写任务书。

③ 测量超级芯片各脚电压，并将测量结果记录下来，填入任务书中。

④ 教师设置故障供学生检修，并完成任务书。注意，一次只设置一个故障，排除后，再设置一个，反复训练。第 1、2 个故障需填写维修报告，其余故障需做维修笔记。

LCD 篇

情境  8　液晶电视机概述

【主要任务】　本情境任务有二，一是让学生了解液晶屏的结构及液晶电视机的信号接口；二是掌握液晶电视机的电路结构框图及相应的维修知识，并能正确使用相应的维修工具。

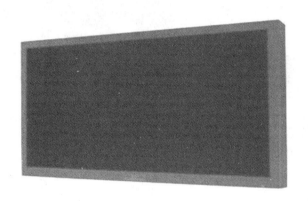

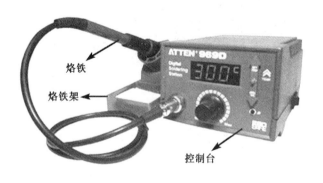

烙铁

烙铁架

控制台

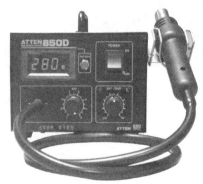

项目教学表

项目名称：液晶电视机概述			课　时	
授课班级				
授课日期				

教学目的：
　　通过教、学、做合一的模式，使用任务驱动的方法，使学生了解液晶屏的结构及液晶电视机的信号接口，掌握液晶电视机的电路结构框图及相应的维修知识，并能正确使用相应的维修工具。

教学重点：
　　讲解重点——液晶电视机的电路结构框图及相应的维修知识；
　　操作重点——维修工具的使用。

教学难点：
　　理论难点——液晶屏的结构；
　　操作难点——热风枪的使用。

教学方法：
　　总体方法——任务驱动法。
　　具体方法——实物展示、讲练结合、手把手传授、归纳总结等。

教学手段： 多媒体手段、实训手段等。

	内　容	课　时	方法与手段	授课地点
课时分配	一、液晶屏介绍	2	实物展示、讲授；多媒体手段	多媒体教室
	二、液晶电视机的电路结构	4（理论2；实训2）	讲授、师徒对话、归纳总结等方法；多媒体、实训手段	多媒体实训室
	三、液晶电视机的维修知识	10（理论2；实训8）	讲授、实物展示、手把手传授等；多媒体、实训手段	多媒体实训室
教学总结与评价				

任务书1——液晶电视机的电路结构

项目名称	液晶电视机的电路结构	所属模块	液晶电视机概述	课　时	
学员姓名		组　员		机　号	

教学地点：

　　将学生分组，每2人配置一台液晶电视机，完成如下任务。

　　1．画图说明本机配有哪些信号接口？

　　2．熟练掌握液晶电视机的使用。

　　（1）画图说明本机键盘各按键的功能。

　　（2）输入不同信号源，通过面板按键调出图像和伴音，填写表1。

表1　接收不同信号源

信　号　源	信号输入口	图声调出情况
TV（射频）信号		
AV 信号		
VGA 信号		
DVI 信号		

　　3．打开机壳，观察电路布局

　　打开机壳后，用数码相机进行拍照，将照片（或打印件）粘贴在以下位置，并标出电路布局情况。

照片（或打印件）粘贴处

教学效果评价	学生评教	学生对该课的评语：
		总体感觉： 很满意□　满意□　一般□　不满意□　很差□
	教师评学	过程考核情况
		结果考核情况
		评价等级： 优□　良□　中□　及格□　不及格□

任务书 2——工具的使用

项目名称	工具的使用	所属模块	液晶电视机概述	课　时	
学员姓名		组　员		机　号	

教学地点：

　　给学生每人配置一把防静电恒温烙铁和热风枪，发放一块废弃的计算机主板（或影碟机主板），并完成以下任务：

　　1．用防静电恒温烙铁拆装电路板上的 THT 元件（即通孔元件），反复练习，直到熟练为止。

　　2．用热风枪拆装电路板上的 SMT 元器件（即贴片元器件），反复练习，直到熟练为止。
　　（1）拆装电路板上的贴片电阻、贴片电容、贴片二极管、贴片三极管等元器件。
　　（2）拆装电路板上的贴片集成块。

教学效果评价	学生评教	学生对该课的评语：	
		总体感觉：	很满意□　　满意□　　一般□　　不满意□　　很差□
	教师评学	过程考核情况	
		结果考核情况	
		评价等级：	优□　　良□　　中□　　及格□　　不及格□

教 学 内 容

一、液晶屏介绍

液晶显示技术简称 LCD 技术，液晶电视机又称 LCD 电视机，由于 LCD 电视机的显示屏为平板状，且厚度和重量远小于 CRT 彩电，因而备受市场青睐。跨世纪后，LCD 电视机的市场份额逐年增大，并有逐步取代 CRT 彩电之势。

1．液晶显示技术的优点

液晶显示技术具有以下一些优点。

（1）低电压、微功耗

目前实用 LCD 都属于电场控制型，工作电流只有几个微安，工作电压可低至 2～3V，功率消耗微小，这是任何一种其他显示器所达不到的。

（2）平板结构

液晶显示屏实质上是由两片导电玻璃基板之间注入液晶后形成的，是典型的方形平板结构，重量轻、厚度薄。

（3）易于彩色化

液晶本身是无色的，但采用彩色滤光膜很容易实现彩色化。目前，LCD 能重现的彩色范围可与 CRT 相媲美。

（4）屏幕尺寸与信息容量无理论上的限制

液晶显示屏的尺寸可根据其应用场合自由设定，小到 1 英寸，大到 60 英寸以上都可以。既可以显示精美的小图像，也可以显示高分辨率大尺寸的动态图像。

（5）寿命长

LCD 都是电场控制型的，工作电压低，电流很小，所以只要液晶的配套部件不损坏，液晶本身的工作寿命可达几万小时。

（6）无辐射、无污染

CRT 屏幕易产生 X 射线辐射，对人体有损害，而 LCD 中不会出现这一问题，不会伤害人体健康。

液晶显示技术虽然具有上述优点，但也存在一些先天性的缺点，如视角较小、响应速度慢、工作温度范围不够宽、需加背光源等。

2．液晶屏的结构

液晶显示屏（LCD 屏）简称液晶屏，它是用来显示彩色图像的部件，是液晶彩电和液晶显示器的重要组成部分。液晶显示屏通常制作成板状结构，故又有液晶显示板之称。

图 8-1 是液晶显示屏的基本结构图，由图可知，液晶显示屏由里向外依次包含背光源、后偏振片（又称偏光片或偏光板）、TFT 基板、液晶、滤色器基板、前偏振片等部件。后偏振片紧贴在 TFT 基板的背面，前偏振片紧贴在滤色器基板的上面。

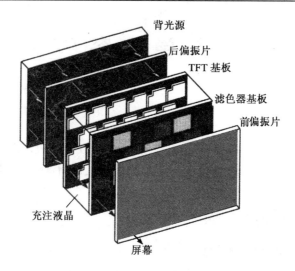

图 8-1　液晶显示屏的基本结构

　　TFT 基板与滤色器基板封成一个腔体结构，其内部充注有液晶，所以这个腔体又有液晶盒之称。TFT 基板与滤色器基板之间的距离很小，常为 6～7μs。

（1）背光源

　　液晶自身不发光，为了获得稳定、清晰的显示效果，液晶显示屏中都装有背光源。背光源由背光灯及一些辅助部件构成，如图 8-2 所示。背光灯起发光的作用，辅助部件起处理光的作用。它将背光灯所发出的光处理成一个均匀的、单方向的面光源，并射向后偏振片。

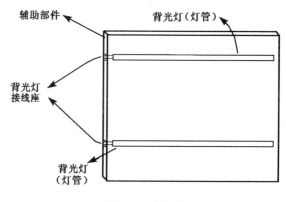

图 8-2　背光源

　　背光灯可以是管状（即灯管），也可以是点状（即灯泡）。目前，高亮度液晶屏都采用冷阴极荧光灯（CCFL）或发光二极管灯（LED）作为背光灯。CCFL 常为管状结构，LED 常为点状结构。

（2）偏振片

　　偏振片又称偏光片，液晶显示屏中有两块偏振片，即后偏振片和前偏振片。

　　由于偏振片只允许一个振动方向的光波通过，而吸收了其他振动方向的光波，故光通过偏振片后，其能量损失非常大，常在 50%以上，这也是液晶显示屏光效率低的原因。

　　由光学原理可知，当自然光通过两个偏振片时，参考图 8-3，其出射光的强度 A 与入射光的强度 A_0 及两个偏振片透光轴的夹角 α 有密切关系，并可由下式决定：

$$A = \frac{1}{2} A_O \cos^2 \alpha$$

显然，在入射光强度 A_O 一定的情况下，夹角越小，出射光就越强。当夹角为 0（即两偏振片透光轴平行）时，出射光最强；当夹角为 90°（即两偏振片透光轴垂直）时，出射光为 0（无出射光）。因此，控制两偏振片透光轴之间的夹角，就能控制出射光的强弱。

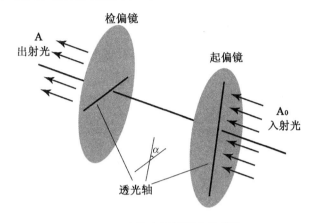

图 8-3　自然光通过两个偏振片

在液晶显示屏中，两偏振片的透光轴是相互垂直的，如果没有液晶存在的话，则不管入射光有多强，出射光均为 0。但由于两偏振片之间有液晶盒存在，且在不同强弱的外电场作用下，液晶分子会发生不同角度的旋转，从而使得偏振光在通过液晶盒时，也发生了相同角度的旋转（相当于透光轴发生了旋转），这样，前偏振片就会有出射光射出。只要控制液晶上的电场强度，就能控制液晶分子的旋转角度，若液晶上的电场强弱按图像信号规律变化，则出射光的强弱也会按图像信号规律变化，这就是液晶显示屏的基本光学显示原理。

（3）TFT 基板与滤色器基板

TFT 基板与滤色器基板的结构如图 8-4 所示。

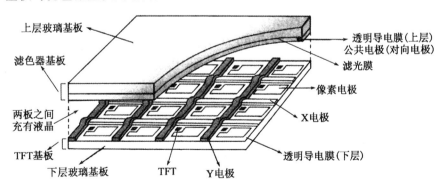

图 8-4　TFT 基板与滤色器基板的结构

TFT 基板是由一块玻璃基板（常称为下层玻璃基板）和贴在其上的透明导电膜构成的，透明导电膜上制作有 X 电极（扫描电极）和 Y 电极（信号电极），在 X 电极和 Y 电极的交叉处制作有薄膜场效应管（简称 TFT，起开关作用）和像素电极。

滤色器基板是由一块玻璃基板（常称为上层玻璃基板）和贴在其上的彩色滤光膜及透

明导电膜构成的。这里的透明导电膜是一个公共电极，又称对向电极，应用时，该电极接地。

　　每一个像素电极都可看成是电容器的一个极板，而对向电极可看成是电容器的另一个极板。这样，每个像素电极都与对向电极构成一个平板电容器，如图 8-5（a）所示。这个平板电容器以液晶为介质，故又称为液晶电容。像素电极与对向电极所构成的平板电容器与TFT 连接如图 8-5（b）所示，等效电路如图 8-5（c）所示，图中的栅极引线实际上就是 X电极，源极引线实际上就是 Y 电极。也就是说，TFT 的栅极接 X 电极，源极接 Y 电极，漏极接液晶电容。控制液晶电容上的电压，就能控制相应区域液晶的光学特性，进而达到显示图像的目的。

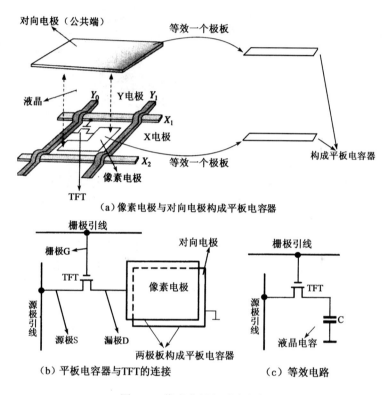

图 8-5　像素电极与对向电极

◆ 顺便指出：

　　每个液晶电容所控制的那个区域便是一个显示点，所以，对于相同尺寸的液晶显示屏来说，其上显示点越多（即像素越多），所对应的液晶电容也就越多，TFT 的数量也越多，所需的 X 电极和 Y 电极也越多，显示屏的制作工艺及成本也就越高。

　　彩色滤光膜（又称滤色膜，简称彩膜），它与 TFT 控制的像素电极上下对应。彩色滤光膜上三基色单元的平面排列如图 8-6 所示，一般 R、G、B 三基色单元以点阵分布，但排列有三种方式，即条形排列、镶嵌排列及三角形排列。条形排列结构简单，但易显纵向条纹，图像显得粗糙。镶嵌排列可消除条形排列中的纵向条纹，颜色相对自然些，但当像素间距较大时，会有斜纹感，图像也显得粗糙。三角形排列结构复杂，但显示颜色逼真，分辨率也高，所以彩色图像质量高。在视频图像显示器中多采用三角形排列，而在通信图形显示器中多采用条形排列。

知识窗：

彩色滤光膜对白光有过滤作用，可以将白光转换为彩色光，当光从 R 处射出时，为红色，从 G 处射出时，为绿色，从 B 处射出时，为蓝色，通过空间混色，使人眼产生彩色感觉。

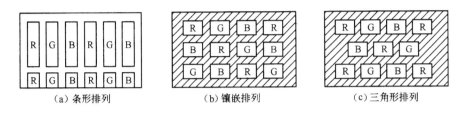

图 8-6　彩色滤光膜上三基色单元的平面排列

3. 液晶屏驱动电路

液晶屏大都采用 TFT 驱动技术，屏上的每一个显示点都由对应的 TFT 来驱动。图 8-7 是液晶显示屏驱动模型图，图中每一个 TFT 与像素电极代表一个显示点，而一个像素需要三个这样的点（分别代表 R、G、B 三基色）。假如显示屏的分辨率为 1024×768，则需要 1024×768×3 个这样的点组合而成。此时共需 768 条 X 电极，相当于将屏幕切割成了 768 行，每条 X 电极就是一行扫描线，它控制相应行的 TFT，所以 X 电极又有扫描电极、控制电极、行电极等称呼。而 Y 电极共需 1024×3=3072 条，相当于将屏幕先切割成 1024 列，再将每列切割成 3 个子列。每一条 Y 电极上都加有相应的图像数据信号，所以 Y 电极又有信号电极、数据电极、列电极等称呼。

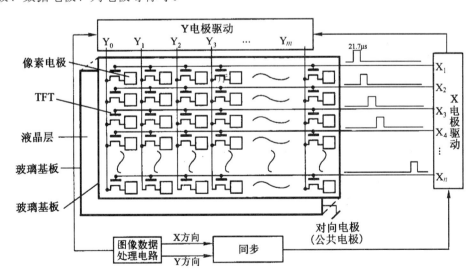

图 8-7　液晶屏驱动电路模型图

当各条 X 电极依次加高电平脉冲时，连接在该 X 电极上的 TFT 全部被选通，因图像数据信号同步加在 Y 电极上，则已经导通的 TFT 会将信号电压加到像素电极上（即加到液晶电容上），该电压决定像素的显示灰度。各 X 电极每帧被依次选通一次，而 Y 电极每行都要被选通。若 LCD 彩电的刷新频率（相当于 CRT 电视的场频）为 60Hz，则每一个画面的显示时间约为 1/60=16.67ms。因画面由 768 行组成，所以每一条 X 电极的开通时间（行周期）约为 16.67ms/768=21.7μs，即图中控制 X 电极的开关脉冲宽度为 21.7μs，这种开关脉冲依次选通每一行的 TFT，从而使 Y 电极上的图像数据信号经 TFT 加至各自的像素电极（液晶电容）上，控制液晶的光学特性，从而完成图像的显示。目前，无论是 X 电极驱动器还是 Y 电极驱动器，均由数块大规模集成块担任，且与液晶屏一体化，构成一个完整的液晶屏组件。

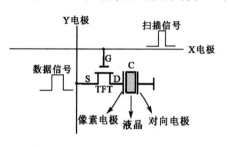

图 8-8 单个像素驱动模型

若从上图中抽出一个 TFT，则得到如图 8-8 所示的单个像素驱动模型。很显然，当栅极扫描信号为高电平时，TFT 导通，此时，源极信号（即数据信号）经 TFT 加到像素电极（即液晶电容 C）上，从而控制这个区域液晶的光学特性，完成一个像素的显示。其他像素的显示与此相同。

4．液晶屏的主要性能参数

液晶电视机的性能是由液晶屏的性能和电路的性能共同决定的，了解液晶屏的主要性能参数对选购液晶电视机非常重要。

（1）屏幕尺寸和画面比例

屏幕尺寸是指显示屏对角线的长度，常以英寸为单位（1 英寸=2.54cm）。目前，液晶电视机主要有 30、32、37、40、42、46、50 英寸等多种规格。

画面比例是指显示图像的长宽之比。大部分主流液晶屏都以 16:9 画面比例为主，但仍有少量型号为 4:3 的传统比例。

（2）分辨率

分辨率与显示屏行、列可显示的像素个数密切相关。对于相同尺寸的显示屏来说，分辨率越高，屏幕的像素就越多，每个像素就越小，显示图像也就越细腻。但分辨率高意味着成本高，因此应根据需要选择合适的分辨率。表 8-1 给出了几种常见信号格式的分辨率等级情况。

表 8-1　几种常见信号格式的分辨率等级

信号格式	分辨率（行像素×列像素）	备　　注
VGA	640×480	分辨率最低，价格最低
SVGA	800×600	VGA 的升级形式，较常见，4:3 画面
WVGA	852×480	与 SVGA 同级别，16:9 画面
XGA	1024×768	画面清晰，4:3 画面，是平板彩电的主流
WXGA	1366×768	与 XGA 同级别，16:9 画面，是平板彩电的主流
SXGA	1280×1024	用于平板彩电的高端产品或专业领域，价格较 XGA 高许多
UXGA	1600×1200	画面细节质量非常高，用于平板彩电的高端产品或专业领域
WUXGA	1920×1200	能达到这种分辨率的平板显示器还很少

（3）对比度

对比度是指显示图像最大亮度和最小亮度之比。画质的好坏很大程度上取决于对比度，对比度高的产品在大多数情况下画质都会较好，而那些低对比度的产品很难提供高质量的影像。对比度指标的高低，一般会在产品的说明书上标出，理论上越高越好。

（4）亮度和灰度

亮度是表示发光物体发光强弱的物理量，亮度的单位是坎德拉每平方米(cd / m²)，亮度是衡量显示屏发光强度的重要指标。目前，各种液晶彩电，其亮度在 500～1000cd/m² 范围，这个数据足以满足室内或室外观看的要求。

灰度是指图像从亮到暗之间的明暗层次，灰度等级其实就是亮度等级，灰度等级越多，图像层次越分明，图像越柔和。目前，液晶彩电能显示 256 个灰度等级。

（5）颜色数量

对于红、绿、蓝分别具有 256 级灰度等级的液晶屏来说，对应的颜色数为 $256\times256\times256=1.67\times10^7$ 种颜色，这个数量可谓不少，但实际上许多液晶屏在显像时，仍会感到彩色不够自然。因此在选购液晶电视机时，一定要对不同品牌型号的产品进行比较，选择颜色过渡变化最自然的产品。

二、液晶电视机的电路结构

1．整机电路结构框图

图 8-9 是液晶电视机的电路结构框图，由图可以看出，整机共由 5 大部分组成，即模拟处理部分、数字处理部分、显示部分、逆变器部分及电源部分。

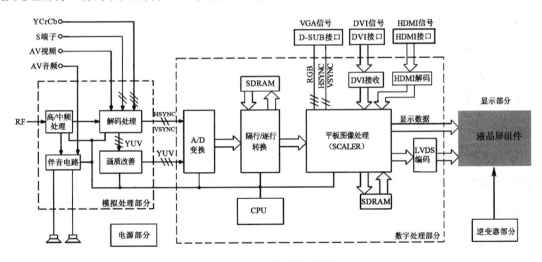

图 8-9　电路结构框图

（1）模拟处理部分

模拟处理部分主要由高/中频处理（相当于传统 CRT 彩电的高频调谐器和中频通道）、解码处理电路、画质改善电路、伴音电路构成。模拟处理部分的主要作用是完成模拟信号的处理，内容包括高频处理、中频处理、伴音处理、TV/AV 切换、视频解码处理、画质处理及行场同步处理。它一举完成伴音处理，最终推动扬声器工作，同时输出模拟 YUV 信号和行场同步信号（HSYNC、VSYNC），提供给数字处理部分。

（2）数字处理部分

数字处理部分是液晶电视机的核心电路，主要由以下一些电路构成。

A/D 变换器：该电路将模拟处理部分送来的模拟 YUV 信号变换为数字信号。

隔行/逐行转换器：该电路主要完成信号格式的变换，能将隔行扫描格式的信号转换为逐行扫描格式的信号。它需借助外部动态存储器（SDRAM）方可完成隔行/逐行变换。

平板图像处理器（SCALER）：该电路是数字处理部分的核心电路，一般由一块超大规模集成块担任。它对信号的处理主要包括画质改善、格式变换、缩放处理、画中画处理、双视窗处理、时序变换等。它也需借助外部动态存储器（SDRAM）方可完成自身的功能。

DVI 接收器：该电路主要用来接收 DVI 插口送来的 DVI 信号，并对 DVI 信号进行相应处理，使信号转换为平板图像处理器所需要的格式。DVI 接收器是一个可选电路，在设有 DVI 插口的机型中才有。

LVDS 编码：目前，多数液晶屏支持直接输入或 LVDS（低压差分信号）输入方式，平板图像处理器输出的显示数据应经 LVDS 编码后，再送入显示部分。

◁丨 背景知识：

LVDS 是 Low Voltage Differential Signaling 的缩写，即低压差分信号传输。LVDS 方式是一种低摆幅的差分信号传输技术，其系统供电电压可低至 2V，数据传输速度可达 100～1000Mb/s 以上。此外，这种低压摆幅可以降低系统功耗，同时又具备差分传输的优点。

微处理器 CPU：该电路用来完成整机控制。有些机器中装有两块 CPU，一块装在模拟处理部分，另一块装在数字处理部分，两 CPU 通过 I^2C 总线连接。

（3）显示部分

显示部分由液晶屏组件担任，主要完成图像重现任务。

（4）逆变器部分

这部分电路的主要任务是为液晶屏内部的背光灯提供供电电压，又称为背光电路。

（5）电源电路

电源电路的主要任务是为整机各部分电路提供供电电压。液晶彩电采用开关电源，且电源中一般设有功率因数校正（PFC）电路。

2．常见信号接口

液晶电视机上除了配有 AV 输入口、S 端子输入口、分量输入口（或称 YUV 输入口）、AV 输出口以外，还配有以下一些信号接口。

（1）D-SUB 接口

这种接口可与模拟 VGA 输入直接相连，因此又有通用接口、模拟接口或 VGA 接口之称，其形状如图 8-10 所示，它有 15 个圆形针孔，分成三排，每排五个，各个针孔的功能见表 8-2。该接口用来接收计算机主机送来的模拟 R、G、B 信号及行场同步信号，使液晶电视机可做液晶显示器用。由于这种接口传输的模拟信号，故在液晶电视机中，还必须经 A/D 变换后，转换为数字信号，才能进行各种处理。

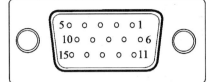

图 8-10　D-SUB 接口

表 8-2　D-SUB 接口各针孔功能

针孔序号（引脚）	功　　能	针孔序号（引脚）	功　　能
1	R（红）信号输入	9	+5V
2	G（绿）信号输	10	逻辑接地
3	B（蓝）信号输	11	接地
4	接地	12	串行数据线
5	联机检测（或接地）	13	行同步信号输入
6	R 输入接地	14	场同步信号输入
7	G 输入接地	15	串行时钟线
8	B 输入接地		

（2）DVI 接口

这种接口用来接收计算机主机送来的 TMDS 信号，所以又有 TMDS 接口之称，有了 DVI 接口，液晶电视机就可与计算机主机相连，充当液晶显示器。由于 TMDS 信号是数字信号，因此无需进行 A/D 变换，所以传输速度快，图像比 D-SUB 接口的更为清晰。目前，许多液晶电视机都配有 DVI 接口。

DVI 接口有 24 个方形针孔，分三排，每排 8 个孔，其形状如图 8-11 所示。DVI 接口具有两个 TMDS 信号输入通道，每个通道包含一组差分时钟对信号和三组差分数据对信号。应用时，可使用一个通道，也可使用两个通道，使用两个通道时，传输数据的速度提高一倍。DVI 接口各针孔的功能见表 8-3。

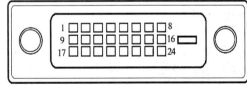

图 8-11　DVI 接口

表 8-3　DVI 接口各针孔的功能

针孔序号（引脚）	功　　能	针孔序号（引脚）	功　　能
1	TMDS 数据 2-输入	5	TMDS 数据 4+输入
2	TMDS 数据 2+输入	6	串行时钟线
3	TMDS 数据 2/4 屏蔽（接地）	7	串行数据线
4	TMDS 数据 4-输入	8	空脚

针孔序号（引脚）	功　　能	针孔序号（引脚）	功　　能
9	TMDS 数据 1-输入	17	TMDS 数据 0-输入
10	TMDS 数据 1+输入	18	TMDS 数据 0+输入
11	TMDS 数据 1/3 屏蔽（接地）	19	TMDS 数据 0/5 屏蔽（接地）
12	TMDS 数据 3-输入	20	TMDS 数据 5-输入
13	TMDS 数据 3+输入	21	TMDS 数据 5+输入
14	+5V 电源	22	TMDS 时钟屏蔽（接地）
15	电源接地	23	TMDS 时钟+
16	联机检测	24	TMDS 时钟-

注 1：数据 0～2 为一个数据通道，数据 3～5 为另一个数据通道，两个数据通道共享一个时钟。当使用一个通道时，4、5、12、13、20、21 脚均未用。

◆ **背景知识：**

TMDS 是 Transition Minimized Differential Signaling 的缩写，即最小化差分信号传输。TMDS 方式提供了两个数字通道和一个时钟通道，RGB 三基色数据可以使用一个数据通道进行传输，也可使用两个数据通道来传输。当使用一个数据通道传输时，其传输速度为 25～165Mb/s，最大可支持 1600×1200/60Hz 的分辨率，如需要更高的分辨率，就得启用双通道传输数据。在 TMDS 方式中，每个数据通道传输三组差分数据对信号，每个差分数据对信号又包含两路信号（如 TMDS 数据 0 包含了 0+和 0-两路信号，这两路信号互为差分信号）。这样一来，一个数据通道事实上传输的是 6 路数据信号，再加上时钟对信号（也是两路），共有 8 路信号。如果启用双通道传输，则共有 14 路信号。

（3）HDMI 接口

HDMI 的英文全称是"High－Definition Multimedia Interface"，意为高清晰度多媒体接口。HDMI 接口可以提供高达 5Gbps 的数据传输带宽，可以传输无压缩的音频信号及高分辨率视频信号。

HDMI 接口仍采用 TMDS 传输方式，只不过它所传输的信号是经过 HDMI 编码后的信号（包含视频信号、音频信号及一些辅助信号）。HDMI 编码信号必须经过解码后方可恢复出原并行的数字视频信号和数字音频信号。HDMI 接口还提供了一个 CEC 通道，以传输一种统一控制信号，控制 HDMI 接口上所连的所有装置，使它们能一同播放、一同待机等。

HDMI 接口外形如图 8-12 所示，它有 19 个脚位，分两排，上排 10 个，下排 9 个，各脚的功能见表 8-4。

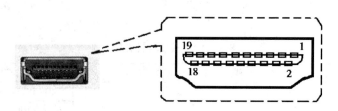

图 8-12　HDMI 接口

表 8-4　HDMI 接口各引脚功能

针孔序号（引脚）	功　　能	针孔序号（引脚）	功　　能
1	TMDS 数据 2+输入	11	TMDS 时钟屏蔽（接地）
2	TMDS 数据 2 屏蔽（接地）	12	TMDS 时钟-
3	TMDS 数据 2-输入	13	CEC 传输
4	TMDS 数据 1+输入	14	空脚
5	TMDS 数据 1 屏蔽（接地）	15	串行时钟线（SCL）
6	TMDS 数据 1-输入	16	串行数据线（SDA）
7	TMDS 数据 0+输入	17	接地
8	TMDS 数据 0 屏蔽（接地）	18	+5V 电源
9	TMDS 数据 0-输入	19	联机检测
10	TMDS 时钟+		

（4）接口配置举例

图 8-13 为康佳 LC32HS62B 液晶电视机的接口配置情况，共配置了以下一些接口：

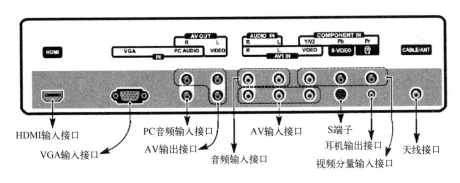

图 8-13　接口配置

HDMI 接口——高清晰度多媒体接口。

VGA 接口——即 D-SUB 接口，接收计算机主机送来的模拟 R、G、B 信号及行场同步信号。

PC 音频输入接口——接收计算机主机送来的模拟音频信号。

AV 输出接口——将本机的模拟视频信号及模拟音频信号送出机外，该接口包含一个视频孔和左（L）、右（R）两路音频孔。

AV 输入接口——用来输入模拟视频信号及模拟音频信号，该接口包含一个视频孔和左（L）、右（R）两路音频孔。

视频分量输入接口——用来输入 YUV 信号，该接口包含 3 个视频孔，分别输入亮度信号（Y）、蓝色差信号（U 或 Pb）及红色差信号（V 或 Pr）。

音频输入接口——用来输入分量伴音信号，该接口包含左（L）、右（R）两路音频孔。当使用视频分量输入接口时，其对应的伴音信号就从音频输入接口输入。

S 端子——用来输入 Y（亮度）、C（色度）信号。

耳机输出接口——即耳机插孔。

天线接口——即天线插孔。

3．整机电路布局

绝大多数液晶电视机采用三板或两板布局方案，下面对这两种方案简要进行介绍。

（1）三板方案

采用三板方案时，液晶电视机内部共含三块电路板，分别是电源板、背光板（或称高压板）和主板（或称信号板）。电源板上装有电源电路，专门为整机提供供电电压；背光板上装有逆变器电路，用来驱动背光灯；主板上装有模拟处理电路和数字处理电路，用来处理信号及完成整机控制。图 8-14 是长虹 LT32510 液晶电视机的电路布局图，属于典型的三板方案。

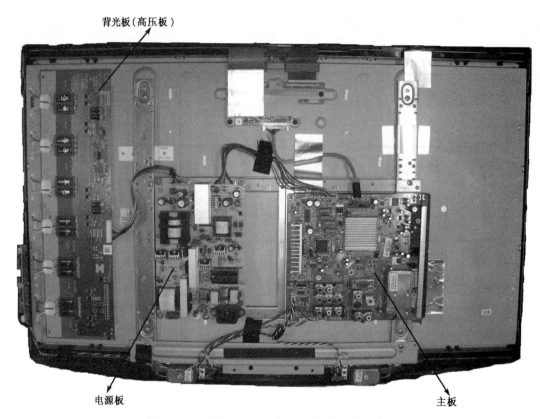

图 8-14　长虹 LT32510 液晶电视机的电路布局图

（2）两板方案

采用两板方案时，液晶电视机内部共含两块电路板，分别是电源/背光板（或称电源/高压板）和主板（或称信号板）。其特点是将电源电路和背光电路安装在同一块电路板上，从而减少了板间连线。图 8-15 是康佳 LC32HS62B 液晶电视机的电路布局图，属于典型的两板方案。

三、液晶电视机的维修知识

1．专用工具介绍

检修液晶电视机时，电烙铁和万用表仍然是最常用的工具和仪表，但由于液晶电视机的主板为数字电路，因此在检修主板时，必须用到一些专用的工具，掌握这些工具的使用方法有利于提高检修效率和确保检修过程的安全性。

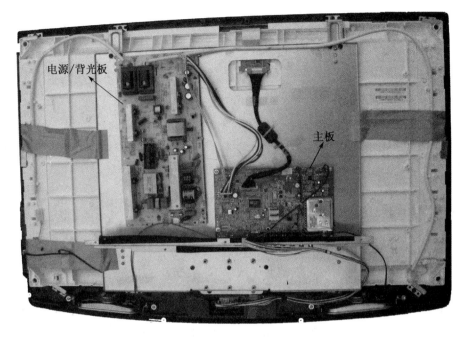

图 8-15   康佳 LC32HS62B 液晶电视机的电路布局图

（1）防静电恒温烙铁

防静电恒温烙铁常用来焊接或拆卸数字电路板上的元器件，还可用于清理线路板上的余锡。由于防静电恒温烙铁的焊头不带静电，因此可有效防止元器件被静电击穿；再由于防静电恒温烙铁的温度可调且恒定，因此可根据不同焊点的要求来设定温度。目前，防静电恒温烙铁的型号很多，如赛克 936、AT969D 等，图 8-16 为 AT969D 防静电恒温烙铁实物图。

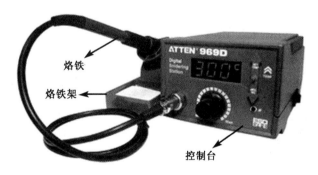

图 8-16   AT969D 防静电恒温烙铁实物图

防静电恒温电烙铁使用方法如下：

① 将烙铁与控制台接连好，将控制台的电源插头插入插座，打开电源开关，观察指示灯闪烁情况；

② 将烙铁的温度调节在 200～480℃之间，观察烙铁头的温度变化情况；

③ 待烙铁温度达到焊接所需的温度，且保持恒定时，就可以焊接了。

④ 操作结束后，应关闭控制台的电源开关。

使用防静电恒温烙铁时，一定要注意以下几点。

⑤ 烙铁的温度不宜调得过高或过低。在选择温度时，一定要根据实际情况而定，只要确保能够充分焊接就可以了。

⑥ 用防静电恒温烙铁清理线路板时，不能用力过大，否则会损伤电路板。

⑦ 在检修过程中，若暂时不用烙铁，应将烙铁的温度调低，否则会使烙铁头上的焊剂转化为氧化物，使烙铁头导热功能下降。

⑧ 使用结束后，应抹净烙铁头，并镀上新锡层，以防止烙铁头表面发生氧化。

⑨ 定期使用清洁海绵清理烙铁头。因焊接后，烙铁头的残余焊剂衍生的氧化物和碳化物会损害烙铁头，造成焊接效果变差，或者使烙铁头导热功能减退。

（2）防静电手环和手套

人体因摩擦而产生的静电往往高达几千伏，甚至上万伏，这种静电一旦施加到高阻的数字电路上，就有损坏数字电路的危险。因此，在生产或检修数字电路时，要求防静电操作。液晶电视机的主板属于数字电路区域，检修时，一定要注意防静电操作。

常规的防静电措施是戴上防静电手环或手套。图 8-17（a）所示是防静电手环，它由防静电松紧带、活动按扣、弹簧软线及夹头组成。松紧带的内层用防静电纱线编织，外层用普通纱线编织。检修液晶电视机的主板时，将防静电手环戴在人体手腕上，将夹头夹在地线上，人体的静电就能通过防静电手环排放至大地（放电过程能在 0.1s 内完成）。图 8-18（b）所示是防静电手套，它采用特种防静电手套布制作，基材由锦纶和导电纤维组成，手套具有极好的弹性和防静电性能，能避免人体产生的静电对电路造成破坏。

◢ 提醒你：

当没有防静电手环和防静电手套时，可先用手触摸一下金属物件，也能将静电放掉。但要注意，每隔几分钟，就得触摸一下金属物件，才能确保手上无静电积累。

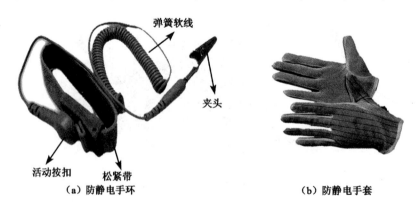

弹簧软线

夹头

活动按扣　松紧带

（a）防静电手环　　　　　　　　　　　（b）防静电手套

图 8-17　防静电手环和手套

（3）热风枪

热风枪主要用来拆焊小型贴片元器件和贴片集成块，特别是贴片集成块，没有热风枪还真拆不下来。

　　图 8-18 所示是 AT850D 热风枪示意图，它具有升温快、除锡干净彻底、热风温度从环境温度至 500℃连续可调、出风口温度自动恒定、热风风量连续可调、防静电等特点。热风枪常配有不同内径的风嘴，适用不同元器件的拆焊。

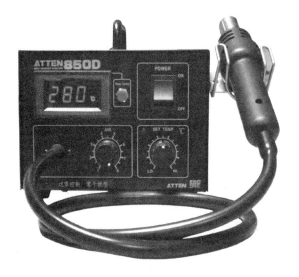

不同内径的风咀

图 8-18　AT850D 热风枪示意图

　　吹焊小贴片元器件一般采用小风嘴，温度调至 2～3 挡，风速调至 1～2 挡。待温度和气流稳定后，便可用手指钳夹住小贴片元器件，使热风枪的风嘴离欲拆卸的元器件 2～3cm，并保持垂直，在元器件的上方均匀加热，待元器件周边的焊锡熔化后，用手指钳将其取下。如果焊接小元器件，要将元器件放正，若焊点上的锡不足，可用烙铁在焊点上加注适量的焊锡，焊接方法与拆卸方法一样，只要注意温度与气流方向即可。

　　吹焊小贴片集成块时，首先应在芯片的四周引脚或表面涂放适量的助焊剂，这样既可防止干吹，又能帮助芯片四周或底部的焊点均匀熔化。由于小贴片集成块的体积较大，在吹焊时可选用大一点的风嘴，温度可调至 3～4 挡，风速可调至 2～3 挡，风嘴离芯片 2.5cm 左右为宜。吹焊时应在芯片上方均匀加热，直到芯片四周或底部的锡珠完全熔解，此时用手指钳将整个芯片取下。需要说明的是，在吹焊此类芯片时，一定要注意是否影响周边元器件。另外芯片取下后，线路板上会残留余锡，可用烙铁将余锡清除。若焊接芯片，应将芯片与线路板相应位置对齐，焊接方法与拆卸方法相同。

　　吹焊大规模贴片集成块时，应把热风枪的枪嘴去掉，温度调到 6 挡，风速调到 7～8挡，实际温度为 280～290℃，风嘴离集成块的高度为 8cm 左右。然后用热风枪吹集成块四边，待焊锡熔化后，即可完好无损地取下集成块。

2．维修过程中的注意事项

（1）注意防静电

　　主板上的芯片都是静电敏感器件，很容易被静电击穿。若在检修过程中不注意防静电处理，人体静电就会引到主板，严重威胁到主板的安全。

（2）不要对液晶屏内部进行拆卸

　　液晶屏是一个完整的整体，其内部结构包含有许多防静电排线、精密光电器件、液晶模组等，内部必须保持高度清洁，不允许有任何杂质。在检修过程中，若随意对液晶屏内部进行拆卸，则很容易引入杂质和静电，使液晶屏在不知不觉中损坏，造成痛心的损失。

（3）更换主板或液晶屏时，一定要与原型号一致

不同的液晶屏，其供电电压有差异，主板与液晶屏接口也不一样，液晶屏的驱动软件也不同，所以根本不能互相代用。故更换主板或液晶屏时，最好与原型号一致。

（4）注意保护液晶屏

不能用尖锐、锋利的物品划刺屏幕。在搬动液晶电视机时，要确保液晶屏部分不要受压，过度的压力会导致液晶屏永久性的损坏。在清洁液晶屏前，应当关闭主电源，使用柔软、非纤维材料的防静电软布清洁。可以使用液晶屏专用的清洁剂擦拭，清洁完毕，必须要等屏幕完全干燥之后，才能通电。

3. 提高维修技能的方法

要想迅速提高维修技能必须做到以下几点。

（1）弄清检修液晶电视机与检修 CRT 彩电的异同点

相同点：就整机信号处理而言，液晶电视机在很多方面和 CRT 彩电相同，如高频处理电路、中频处理电路、模拟视频处理电路、伴音处理电路、系统控制电路等，均与 CRT 彩电相同，对这些电路的检修完全可以采用 CRT 彩电的检修方法进行。

相似点：CRT 彩电通过显像管显示图像，液晶电视机通过液晶屏显示图像。CRT 彩电中的显像管是否点亮，只与显像管本身和行输出电路有关，与信号处理电路无关。同理，液晶电视机的液晶屏是否点亮，也只与液晶屏本身和背光电路有关，与信号处理电路无关。

不同点：数字处理部分是液晶电视机与 CRT 彩电的不同之处，这部分电路出现故障时往往具有自身的特点，不能用 CRT 彩电的维修理念进行判断。

（2）多收集组件接口的参考数据

液晶电视机为组件结构，维修者应多收集组件接口的参考数据，这样，在检修时通过测量组件接口的相关数据即可判断故障范围。组件接口的参考数据包括接口电压和对地电阻，尤其是接口电压非常重要。液晶电视机各部分电路之间通过接口连接，各组件接口的直流或信号脉冲电压直接反映了组件的工作状态，通过检测接口电压和对地电阻往往很容易发现问题。如果平时不注意收集各组件接口的正常工作电压和对地电阻，则在检修故障时，会因无参考数据而增加维修的难度，甚至造成故障无法修复的情况。

（3）根据故障现象，结合电路原理进行故障分析

液晶电视机的很多故障是可以根据故障现象来确定故障部位的，液晶电视机的故障现象不是孤立的，每一故障现象必然与相关电路有密切的关系，在实际检修过程中，只要掌握了各部分电路的作用及该部分电路分布在哪个组件上，就很容易确定故障范围。例如，机器出现彩色不稳定故障，由于色度信号处理电路设计在主板上，所以应当判定彩色不稳定故障在主板上，而且在主板的模拟视频信号处理电路上。

（4）要准备好相应的仪表及维修工具

如果要对液晶电视机主板进行检修，最好配备一台频率较高的示波器（100MHz 以上）和数字万用表，通过示波器对输入和输出信号波形的测量和数字万用表对相关电压的

检测，能对故障部位进行准确锁定。工具方面包括防静电烙铁、防静电手腕、热风枪、放大镜等。

四、学生任务

① 将学生分组，每 2 人配置一台液晶电视机，按任务书 1 的要求完成任务，并填写任务书 1。

② 给学生每人配置一把防静电恒温烙铁和热风枪，并学会使用，完成任务书 2。

情境  电源电路

【**主要任务**】 本情境任务有二，一是让学生了解液晶电视机的电源结构形式；二是掌握 PFC 电路和开关电源电路的工作过程及检修方法，并能独立完成常见故障的检修。

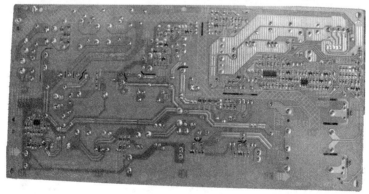

项目教学表

项目名称：液晶电视机电源电路		课　　时	
授课班级			
授课日期			

教学目的：
　　通过教、学、做合一的模式，使用任务驱动的方法，使学生了解液晶电视机的电源结构形式，掌握 PFC 电路和开关电源电路的工作过程及检修方法，并能独立完成常见故障的检修。

教学重点：
　　讲解重点——PFC 电路和开关电源电路的工作过程及检修方法；
　　操作重点——电源线路的清理及开关电源的检修。

教学难点：
　　理论难点——开关电源电路的工作过程；
　　操作难点——开关电源的检修。

教学方法：
　　总体方法——任务驱动法。
　　具体方法——实物展示、讲练结合、手把手传授、归纳总结等。

教学手段：多媒体手段、实训手段等。

	内　　容	课　　时	方法与手段	授 课 地 点
课时分配	一、电源介绍	1	讲授、举例；多媒体手段	多媒体教室
	二、电源电路分析	7（理论 3；实训 4）	讲授、师徒对话、归纳总结等方法；多媒体、实训手段	多媒体实训室
	三、电源电路检修	6（理论 2；实训 4	讲授、实物展示、手把手传授等；多媒体、实训手段	多媒体实训室
教学总结与评价				

任务书——电源电路检测与检修

项目名称	电源电路检测与检修	所属模块	电源电路	课　　时	
学员姓名		组　　员		机　　号	

教学地点：

　　将学生分组，每2人配置一台液晶电视机，完成以下任务。

　　1．对电源电路进行拍照，将照片（或打印件）粘贴在以下位置，同时圈出 EMI 滤波电路、输入整流滤波电路、PFC 电路、开关电源电路。

照片（或打印件）粘贴

　　2．简要分析 PFC 电路的工作过程。

　　3．对照电路图清理电源线路，直到理清全部线路为止，并将重要元器件的序号、型号及作用填入表1中。

表1 重要元器件一览表

元 器 件	序 号	型 号	作 用
电源保险管			
输入整流二极管（或桥堆）			
PFC 开关管			
PFC 控制器			
PFC 滤波电容			
开关电源控制器			
开关电源开关管			
开关变压器			

4．电路检测

（1）测量 PFC 控制器各引脚电压及 PFC 电路输出电压，填写表2。

表2 PFC 控制器各引脚电压

引 脚	1	2	3	4	5	6	7	8
开机电压（V）								
待机电压（V）								

PFC 输出电压，开机电压：＿＿＿＿＿＿＿＿＿，待机电压：＿＿＿＿＿＿＿＿＿。

（2）测量开关电源控制器（或厚膜集成块）各引脚电压及开关电源输出电压，填写表3。

表3 开关电源控制器（或厚膜集成块）各引脚电压

引 脚	1	2	3	4	5	6	7	8
开机电压（V）								
待机电压（V）								

开关电源输出电压，开机电压：＿＿＿＿＿＿＿＿＿，待机电压：＿＿＿＿＿＿＿＿＿。

5．电路检修

教师设置电源故障供学生检修。注意，一次只设置一个故障，排除后，再设置一个，反复训练。第1、2 个故障需填写以下维修报告，其余故障需做维修笔记。

表4 故障1维修报告

故障现象	
故障分析	
检修过程	
检修结果	

表 5　故障 2 维修报告

故障现象	
故障分析	
检修过程	
检修结果	

其余故障维修笔记：

教学效果评价	学生评教	学生对该课的评语：
		总体感觉： 很满意□　　满意□　　一般□　　不满意□　　很差□
	教师评学	过程考核情况
		结果考核情况
		评价等级： 优□　　良□　　中□　　及格□　　不及格□

教 学 内 容

一、电源介绍

1. 电源的结构形式

液晶电视机的电源电路有如图 9-1 所示的几种形式，图（a）为普通形式，常用于 24 英寸以下的小屏幕机。图（b）为 PCF+双电源形式，图（c）为 PFC+双电源+DC/DC 形式，图（d）为 PFC+单电源形式。这三种形式的电路均用于 26 英寸以上的大屏幕机中，特别是图（d）所示的形式在 37 英寸以上的大屏幕机中得到广泛应用。

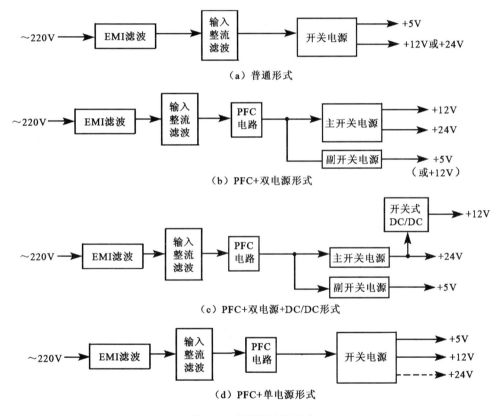

图 9-1　电源的结构形式

2. 各部分电路作用介绍

对于大屏幕液晶电视机而言，电源电路中都含有 EMI 滤波、输入整流滤波、PFC 电路及开关电源电路，各部分电路的作用如图 9-2 所示。EMI 滤波实际上就是 CRT 彩电中的互感滤波，只是在液晶电视机中称为 EMI 滤波罢了。

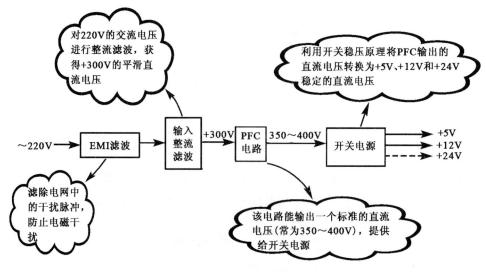

图 9-2　各部分电路的作用

二、电源电路分析

为了大家更好地理解电源电路的工作过程，这里以康佳 LC32HS62B 液晶电视机的电源为例进行分析（所有元器件的标号一律以厂标为准）。康佳 LC32HS62B 液晶电视机的电源电路由 EMI 滤波、输入整流滤波、PFC 电路及 12.2V 开关电源电路构成，其结构框图如图 9-3 所示。

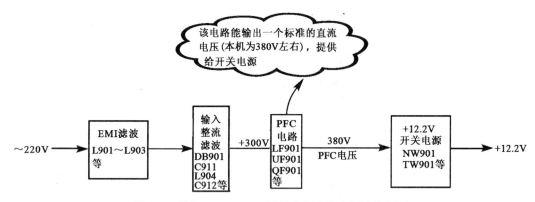

图 9-3　康佳 LC32HS62B 液晶电视机的电源结构框图

1. EMI 滤波

EMI 滤波器的电路图如图 9-4 所示，其作用有二：一是阻止电网中的高频干扰进入电视机内部，防止这种高频干扰对内部电路的影响；二是阻止开关电源的开关脉冲及其高次谐波进入电网，以防止对电网的污染。

2. 输入整流滤波电路

输入整流滤波电路如图 9-5 所示，该电路的作用是将 220V 的交流电压转换为+300V 的直流电压。整流电路由桥堆 DB901 来担当，要求桥堆的耐压在 500V 以上，整流电流在 8A 以上即可，如 RS1005、D10SB60 等。滤波电路采用"π"型滤波器，由 C911、L904、C912、C913 构成。要求滤波电容的耐压必须在 400V 以上，由于 +300V 直流电压只是提供给 PFC 电路，故滤波电容的总容量只需数微法即可。

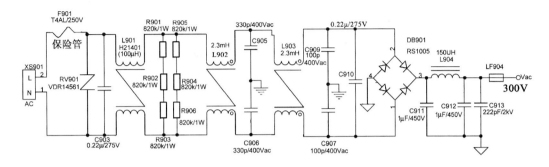

图 9-4　EMI 滤波器的电路图

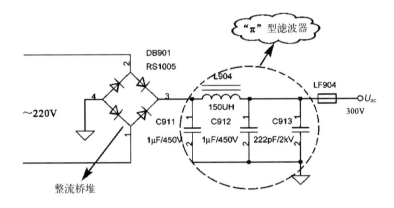

图 9-5　输入整流滤波电路

值得一提的是，由于滤波电容较小，当整机正常工作时，滤波输出的 U_{ac} 电压只有 220V 左右，而在待机状态时，由于负载变轻，U_{ac} 电压会达到 300V 左右。在检修时，要注意这一点。

3．PFC 电路

PFC 电路又叫功率因数校正电路，PFC 是英文 Power Factor Correction 的缩写，意思是功率因数校正。PFC 电路实际上是一个 AC/DC 转换器，该电路能输出一个标准的直流电压（常为 350～400V，本机为 380V 左右）提供给开关电源，从而使开关电源的供电电压不受 220V 市电波动的影响，且开关管总是工作在固定的脉宽状态下，其饱和时间比无 PFC 电路时要短，功率消耗要小，这样就提高了开关管的可靠性。大屏幕液晶电视机都设有 PFC 电路。

（1）PFC 电路结构框图

PFC 电路的结构如图 9-6 所示，它由储能电感、PFC 控制器、开关管、整流滤波电路及稳压环路构成，它的工作原理与开关电源类似。利用输入整流滤波电路产生的 +300V 直流电压作为 PFC 电路的供电电压，由 PFC 控制器产生开关脉冲，控制开关管进入开关状态，在开关管饱和时，储能电感产生左正右负的感应电压，同时储存能量；在开关管截止时，储能电感产生左负右正的感应电压，该电压与+300V 的电压相叠加，再经整流滤波后得到 PFC 电压，本机 PFC 电压的大小设计在 380V。为了使 PFC 电压稳定，电路中还设有稳压环路，通过对 PFC 电压进行取样后来获得 PFC 电压的变化信息，进而调制开关脉冲的宽度，最终使 PFC 电压保持稳定。可以将 PFC 电路理解为一个升压开关电源。

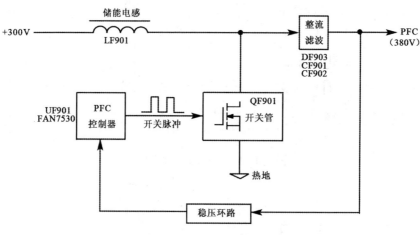

图 9-6　PFC 电路的结构

（2）FAN7530 介绍

FAN7530 是仙童公司推出的电源控制器，其内部框图如图 9-7 所示。它既可用于开关电源电路，又可用于 PFC 电路，充当 PFC 控制器。其功能是产生开关脉冲，完成稳压控制和各种保护，具有以下几大特点：

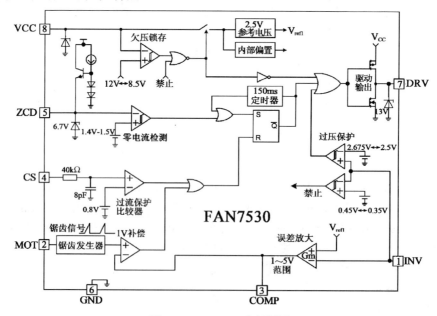

图 9-7　FAN7530 内部框图

① 较低的谐波失真；

② 精密可调输出；

③ 过压保护（OVP）、反馈开路保护及禁止功能；

④ 过零检测功能；

⑤ 150μs 内部启动时间；

⑥ MOSFET 开关管过流检测及保护；

⑦ 欠压锁存；

⑧ 低启动电流（40μA），低运行电流（1.5mA）。

FAN7530 有两种封装形式，一种为贴片式封装，另一种为直插式封装，如图 9-8 所示。引脚功能见表 9-1。

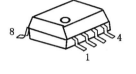

图 9-8　FAN7530 两种封装形式

表 9-1　FAN7530 引脚功能

引　脚	符　号	功　能
1	INV	该引脚是误差放大器的反相输入端，PFC 输出电压应被电阻分压至 2.5V 送至该引脚。该引脚高于 2.675V 时，电路进入过压保护状态，低于 0.45V 时，禁止运行。
2	MOT	该引脚用于设置锯齿波的斜率，该引脚电压为 2.9V 时，锯齿波斜率正比于该引脚流出的电流。
3	COMP	误差放大器的输出端，与地之间接补偿元件（低通滤波器）。
4	CS	该引脚为过流保护检测端，当电压达到 0.8V 时，过流保护启动，使开关管提前截止，过流保护延迟时间为 350ns。
5	ZCD	该引脚为零电流检测输入端，如果该引脚电压高于 1.5V，然后又低于 1.4V 时，MOSFET 被打开。
6	GND	接地（热地）
7	DRV	输出端，输出高电平为 11V，低电平为 1V；上升时间和下降时间均为 50ns
8	VCC	供电端，VCC 上升至 12V 时，电路启动；下降至 8.5V 时，电路停止。

（3）PFC 电路分析

PFC 电路如图 9-9 所示。

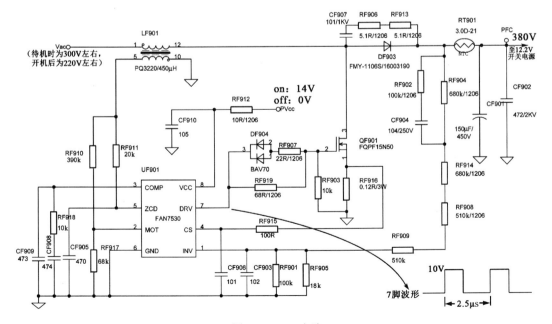

图 9-9　PFC 电路

① 启动过程。

接通电源开关后，市电经 EMI 滤波和输入整流滤波后，产生 Vac 直流电压。该电压一方面经 LF901 加到 MOSFET 开关管 QF901 的漏极。另一方面，经 LF901、DF903、RT901 后提供给 12.2V 开关电源，使其先工作。12.2V 开关电源工作后，就会输出一路 PVcc 电压（约 14V 左右），经 RF912 送至 UF901（FAN7530）的 8 脚，只要 8 脚电压达到 12V 以上，UF901 就启动，UF901 启动后，便从 7 脚输出开关脉冲（波形如图所示），使 QF901 进入开关工作状态。在 QF901 饱和期间，LF901 初级感应左正右负的电压，同时 LF901 储存能量；在 QF901 截止期间，LF901 初级感应右正左负的电压，该电压与 Vac 电压叠加，并经 DF903、RT901 对 CF901（PFC 滤波电容）充电，CF901 上电压提升到 380V 左右，这个 380V 电压便是 PFC 电路的输出电压，它提供给 12.2V 开关电源，至此，12.2V 开关电源的供电电压就变成了 380V。UF901 启动后，只要 8 脚电压不低于 8.5V，UF901 就会继续保持工作状态。

② 稳压过程。

UF901 的 1 脚直流电压由 RF904、RF914、RF908、RF909 和 RF905、RF901 分压提供，1 脚电压在 UF901 内部与一个 2.5V 电压进行比较，产生误差电压，该误差电压通过 3 脚外接 RC 网络进行滤波后调整 7 脚脉冲的占空比。当 PFC 电路输出电压下降时，1 脚取样电压就会减小，经内部电路调节后，7 脚输出脉冲的占空比会增大，Q901 饱和时间会变长，升压电感 LF901 储能会增加，从而使 PFC 电路输出电压上升。若 PFC 电路输出电压上升时，1 脚取样电压也会上升，经内部电路调节后，7 脚输出脉冲的占空比会减小，升压电感 LF901 储能减少，进而使 PFC 电压下降。这样，在 UF901 的控制下，PFC 电路输出电压总维持在 380V 不变。

电路在调压过程中，最终会将 1 脚电压稳定在 2.5V，因此通过改变 1 脚外围分压电路的分压比，就能得到所需的输出电压。

③ 保护过程。

过流保护：开关管 QF901 的源极接有检测电阻 RF916，可以检测漏-源电流的大小。当开关管 QF901 的电流达到 7A 以上时，UF901 的 4 脚电压会上升至 0.8V，此时内部过流保护电路动作，UF901 提前输出低电平，使 QF901 提前截止，以防止 QF901 过流而击穿。

过压保护：如果 PFC 电路输出电压过高（高于 420V）时，分压电路提供给 UF901 的 1 脚电压就会超出 2.675V，此时 UF901 内部过压保护电路动作，立即关断 UF901 的输出，实现过压保护。

反馈开路保护：当 UF901 的 1 脚电压低于 0.45V 时，说明 UF901 的 1 脚外部有开路性故障存在，此时 UF901 会禁止脉冲输出，以实现反馈开路保护。

欠压保护：UF901 的 8 脚达到 12V 时，电路启动。一旦 UF901 启动后，只要 8 脚电压不低于 8.5V 即可。如果 8 脚电压低于 8.5V，UF901 内部大部分电路停止运行，并停止脉冲输出，实现欠压保护。

FAN7530 各脚电压见表 9-2，表中数据是用 500 型万用表测得的。

表 9-2 FAN7530 各引脚电压（对热地测量）

引　　脚	1	2	3	4	5	6	7	8
开机电压（V）	2.8	2.8	1	0	3.6	0	3.1	14
待机电压（V）	2	0	0	0	0	0	0	0

4．+12.2V 开关电源

+12.2V 开关电源是以厚膜集成块 FSQ0765（实物使用 FSQ0465）为核心构成的，下面先介绍一下 FSQ0765 的结构及特点。

（1）FSQ0765 介绍

FSQ0765 是仙童公司推出的开关电源厚膜电路，可用于 LCD 电视机、LCD 显示器、录像机、DVD 等设备中。它具有以下一些功能特点。

优良的准谐振转换器（QRC）；通过变频控制和交流谷值开关降低了电磁干扰；通过最小电压开关提高了效率；较窄的频率变化范围，满足宽负载范围和输入电压变化的要求；先进的触发模式运行，降低了待机功耗；脉冲电流限制；多种保护功能（过载保护、过压保护、过流保护、过热保护、输出短路保护）；延迟欠压锁定（UVLO）功能；内置启动电路；内置开关场效应管；设有软启动（17.5ms）电路。

FSQ0765 的内部结构如图 9-10 所示，引脚功能见表 9-3。

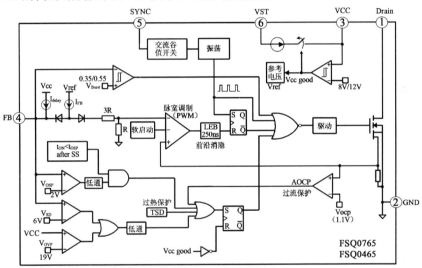

图 9-10　FSQ0765 的内部结构

表 9-3　FSQ0765 引脚功能

引　脚	符　号	功　能
1	Drain	内部场效应开关管漏极，场效应开关管耐压为 650V
2	GND	接地引脚，也是内部场效应开关管的源极
3	VCC	供电引脚，该引脚是电源输入端，提供内部电路运行电流（包括启动和稳态运行）。当该引脚电压达到 12V 时，电路启动，低于 8V 时，电路停止。高于 19V 时，过压保护
4	FB	反馈端，用于稳压控制。通常，光耦合器的集电极连接到该引脚。如果该引脚的电压达到 6V，过载保护器启动，电路停止工作
5	SYNC	同步端，由开关变压器次级引入开关脉冲，实现同步控制
6	VST	启动端，该引脚直接或通过一个电阻器连接高压电路，通过内部电流源对 VCC 脚外部电容充电，一旦 VCC 端达到 12V，电路启动，此时内部电流源被禁止。也就是说，该引脚仅在电路启动过程中有用，一旦电路启动后，该引脚功能被禁止

FSQ0765 家族有多个姊妹芯片，如 FSQ0765、FSQ0565、FSQ0465 等，它们的主要区别在于内部场效应管的功率不同，FSQ0765 为 80W，FSQ0565 为 70W，FSQ0465 为 60W。

（2）电路分析

+12.2V 开关电源电路图如图 9-11 所示。

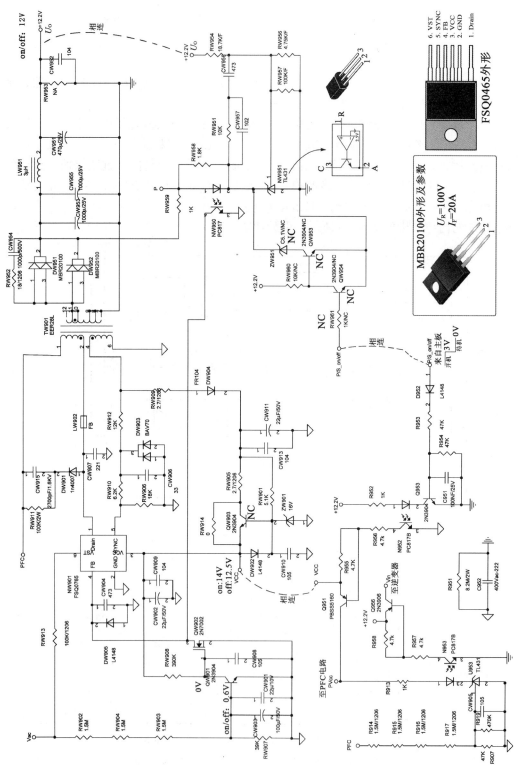

图 9-11　+12.2V 开关电源电路图

① 电源启动过程。

开机后，PFC 电路输出的电压经开关变压器 TW901 的初级（即 1～2 绕组）加到 NW901 的 1 脚（即内部开关管的漏极）；输入整流滤波电路送来的 Vac 电压经启动电阻 RW913 加到 NW901 的 6 脚（启动端），通过内部恒流源对 3 脚外部电容 CW902//CW909 充电，使 3 脚电压上升，当 3 脚电压上升至 12V 时，NW901 内部电路启动，并产生 66.7kHz 的振荡脉冲，从而使开关电源进入工作状态。电路工作后，只要 3 脚电压不低于 8V，它将继续维持工作状态。

电源工作后，开关变压器 4～6 绕组会产生脉冲电压，该脉冲电压经 RW909 限流、DW904 整流、CW911//CW913 滤波后，获得 14V 直流电压，这个电压经 RW905、RW914 送至 NW901 的 3 脚（即 VCC 电压），给 3 脚供电（注意，图中 QW903 未装），此时，6 脚功能被禁止。

厚膜元器件（NW901）5 脚外接同步自锁电路，由 RW912、DW903、CW906、RW910、RW906 等元器件组成。开关变压器 4 脚上的脉冲电压经同步自锁电路送至 NW901 的 5 脚，5 脚每输入一个正脉冲，其内部电路的开关状态就会翻转一次，从而使内部振荡器的振荡状态及时得到调整，这样就确保了电源的振荡频率与 5 脚输入脉冲之间保持同步关系。使用同步自锁电路能使电源的稳压范围加大，并提高电源的带负载能力。

开关电源工作后，开关变压器的输出绕组会不断输出脉冲电压，经 DW951//DW952 整流，CW953//CW955、LW951、CW951 构成的"π"型滤波电路滤波后，输出+12.2V 电压，给主板供电。

值得注意的是，DW951 及 DW952 均为孪生管，它们内部含有两个相同的二极管，其外形与三极管相似。DW951 与 DW952 并联之后，实际上是四个整流二极管相并联，可有效提高整流电流。

② 稳压过程。

RW954、RW956、RW957 构成分压电路，主要用来对+12.2V 电压进行取样，并将取样电压送至 NW951（TL431）的 1 脚。NW951 为三端比较器（其内部结构在图中已画出），它是稳压环路中的关键元器件，它能将开关电源的输出电压稳定在 U_O 上，U_O 的大小由下式决定：

$$U_O = U_{REF} \times \left(1 + \frac{R_1}{R_2}\right) = 2.5 \times \left(1 + \frac{R_1}{R_2}\right)$$

式中，U_{REF} 为 TL431 内部的基准电压，等于 2.5V，R_1 表示 RW954 的阻值，R_2 表示 RW956 和 RW957 两只电阻并联后的总阻值。若将图中的电阻阻值代入上式中，可以算出 U_O=12.2V。另外，从上式中还可发现，通过改变 R_1 和 R_2 的比值就可对输出电压的高低进行设计。但 R_1、R_2 的阻值确定后，输出电压的高低也就稳定不变。

稳压取样点设在+12.2V 输出端上。当某种原因引起输出电压 U_O 升高时，经电阻分压后，会使 NW951 的 1 脚电压上升，流入其 3 脚的电流增大，光耦合器（NW950）中的发光二极管导通增强，发光强度增加，并使光电三极管导通也增强，厚膜元器件（NW901）4 脚电压下降，经内部电路调节后，使开关管饱和时间缩短，开关变压器储能下降，U_O 也下降。当某种原因引起 U_O 下降时，则稳压过程相反。由于稳压电路的作用，U_O 总是稳定在 12.2V 上。

③ 待机控制过程。

在待机状态下，PFC 电路和逆变器应停止工作，主板上的大部分电路也会停止工作。这个过程是由主板上的控制电路来完成的。

正常工作时，主板送来的控制信号（P/S-on/off）为高电平（3V），该信号经 D952、R953 使 Q953 饱和导通，进而使 N952 也导通，接着使 Q951 饱和导通，VCC 电压能经 Q951（变成 PV_{CC}）输出，送至 PFC 电路，使 PFC 电路工作。PV_{CC} 形成后，N953 随即导通，进而使 Q956 饱和导通，+12.2V 电压经 Q956（变成 Vin）送至逆变器，使逆变器工作。

在待机时，主板送来的控制信号（P/S-on/off）为低电平（0V），该信号经 D952、R953 使 Q953 截止，N952 和 Q951 也截止，VCC 无法通过 Q951 送到 PFC 电路，故 PFC 电路停止工作。由于 PV_{CC} 无法形成，故 N953 和 Q956 截止，+12.2V 电压无法送到逆变器，逆变器停止工作。

在待机状态下，因 PFC 电路和逆变器都停止工作，主板上的大部分电路也停止工作，故电源负载变得很轻，此时输出电压 U_O 要上升，由于稳压电路的作用，NW901 的 4 脚电压会下降，只要 4 脚电压低于 0.35V，NW901 就会停止工作。NW901 停止工作后，输出电压 U_O 又会下降，在稳压电路的作用下，NW901 的 4 脚电压会上升，只要 4 脚电压上升至 0.55V，NW901 又开始工作，如此周而复始。也就是说，在待机时，开关电源处于间歇工作状态，输出电压维持在 12V 左右。

④ 保护过程

过压保护：当某种原因（如稳压环路故障）引起输出电压过高时，开关变压器 4～6 绕组上的脉冲幅度也增高，从而使 NW901 的 3 脚电压升高，当 3 脚电压超过 19V 时，内部过压保护电路动作，切断开关脉冲，NW901 内部开关管停止工作，实现过压保护。

欠压保护：当某种原因引起 3 脚电压低于 8V 时，NW901 内部欠压保护电路动作，NW901 停止工作。

市电过低保护：QW901、QW902 等元器件构成市电过低保护电路。当市电电压正常时，Vac 在 200V 以上，经 RW902、RW904、RW903 和 RW907 分压后，能使 QW901 饱和导通，进而使 QW902 截止，对电路不产生任何影响。当市电电压过低时（低于 100V），QW901 截止，QW902 饱和导通，使 FSQ0465 的 4 脚电压变为 0V，电路停止工作。

过载保护：当输出出现过载时（即负载突然变小，超出了电源带负载的能力），输出电压会大幅度下降，NW951 和 NW950 导通程度下降，甚至不导通，从而使 NW901 的 4 脚电压上升，当该电压上升至 6V 时，内部过载保护电路动作，切断开关脉冲，NW901 内部开关管停止工作，实现过载保护。

过流保护：NW901 内部设有过流保护电路，当流过内部开关管的电流超过设置值时，过流保护电路动作，使开关管提前截止，防止开关管因过大的电流而损坏。

过热保护：当芯片温度达到 140℃时，内部过热保护电路动作，切断开关脉冲，NW901 内部开关管停止工作。

由于 NW901 内部无锁存功能，故当保护条件不具备时，电路会自行解除保护，并在启动电压的作用下重新工作。电路工作后，若保护条件再次具备，电路又将停止工作，周而复始。FSQ0465 各脚电压见表 9-4。

表 9-4　FSQ0465 各引脚电压（对热地测量）

引　　脚	1	2	3	4	5	6
开机电压（V）	380	0	14	0.6	3.3	205
待机电压（V）	295	0	12.5	0	0	295

三、电源电路检修

1．开机烧保险管

当出现开机烧保险管 F901 时，说明电源中有严重短路现象，应从以下几个方面进行检查。

（1）检查桥堆 DB901 各引脚之间有无击穿现象，DB901 中的二极管任何一个击穿，都会出现开机烧保险现象。

（2）检查 PFC 电路的开关管 QF901 有无击穿现象。

（3）检查 12.2V 开关电源中的厚膜集成块 NW901（图标为 FSQ0765，实用 FSQ0465），当其内部开关管击穿（即 1-2 脚击穿）时，也会出现开机烧保险。有时连同保险电阻 RT901 一起烧断。

（4）检查 EMI 电路中的高频滤波电容、300V 滤波电容（C911～C913）、PFC 滤波电容（CF901、CF902）等。

2．PFC 电压得不到提升

这是 PFC 电路不工作或工作不正常引起的，PFC 电路的工作时序总落后于 12.2V 开关电源，当 12.2V 开关电源正常工作后，才有 PVcc 电压送到 UF901（FAN7530）的 8 脚，PFC 电路才工作。所以，应先检查 12.2V 开关电源输出是否正常，若不正常，则应检修 12.2V 开关电源。

若 12.2V 开关电源输出正常，则检查 UF901 的 8 脚有无供电电压（14V），若无供电电压，则检查供电电路，包括 RF912、CF910 等元器件。另外，也不要忽视待机控制电路，即 Q951、N952 等元器件，当这些元器件出故障时，会导致 PVcc 被切断。

若 UF901 的 8 脚供电正常，可检查 7 脚有无脉冲输出，若无脉冲输出，说明 UF901 很可能损坏。若有脉冲输出，则检查 RF919、QF901、RF916 等元器件。

3．开关电源无输出

这是 12.2V 开关电源不工作造成的，可按图 9-12 所示的流程进行检修。

4．开关电源输出不稳

这是电路保护造成的，可先将负载断开（即拔掉电源板与主板的供电插件），测量 12.2V 电压是否正常。

（1）若断开负载后，12.2V 稳定，说明是过载保护引起的，故障在主板电路，与电源关系不大。

（2）若断开负载后，12.2V 仍不稳定，说明故障在电源，应检查以下一些电路及元器件。

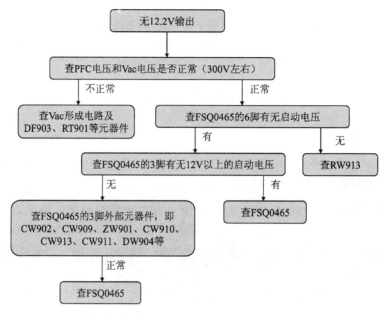

图 9-12　12.2V 开关电源无输出检修流程

① 稳压环路。重点检查 NW950、NW951、RW954、RW956、RW957 等元器件。

② FSQ0465 的 3 脚供电电路。重点检查 RW905、DW904、RW909 等元器件有无断路现象。因为当这些元器件中的任何一个出现断路时，都会导致 3 脚失去补给供电，在这种情况下，电路启动后，3 脚电压就会下降至 8V 以下，引起欠压保护，使电路停止工作，接着又在 6 脚启动电压的作用下，再一次启动，周而复始，造成输出电压波动不稳。

③ FSQ0465 的 4 脚外部元器件，即 QW902、QW901 及周边元器件。当这些元器件有问题而导致 QW902 导通时，会引起保护。

四、学生任务

将学生分组，每 2 人配置一台液晶电视机，并按任务书的要求完成任务。

情境  逆变器

【**主要任务**】 本情境任务有二，一是让学生了解液晶电视机逆变器的结构；二是掌握逆变器的工作过程及检修方法，并能独立完成常见故障的检修。

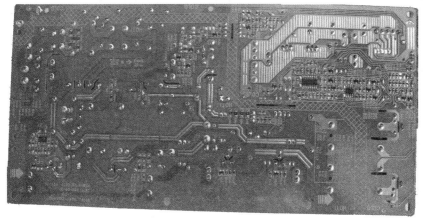

项目教学表

项目名称：液晶电视机逆变器		课　时	
授课班级			
授课日期			

教学目的：
　　通过教、学、做合一的模式，使用任务驱动的方法，使学生了解液晶电视机逆变器的结构，掌握逆变器的工作过程及检修方法，并能独立完成常见故障的检修。

教学重点：
　　　　讲解重点——逆变器的工作过程及检修方法；
　　　　操作重点——逆变器线路清理及故障检修。

教学难点：
　　　　理论难点——逆变器电路分析；
　　　　操作难点——逆变器故障检修。

教学方法：
　　　　总体方法——任务驱动法。
　　　　具体方法——实物展示、讲练结合、手把手传授、归纳总结等。

教学手段： 多媒体手段、实训手段等。

	内　容	课　时	方法与手段	授课地点
课时分配	一、逆变器介绍	1	讲授、举例；多媒体手段	多媒体实训室
	二、逆变器电路分析	7（理论3；实训4）	讲授、实物展示、归纳总结等方法；多媒体、实训手段	多媒体实训室
	三、逆变器的检修	6（理论2；实训4	讲授、实物展示、手把手传授等；多媒体、实训手段	多媒体实训室
教学总结与评价				

任务书——逆变器的检测与检修

项目名称	逆变器的检测与检修	所属模块	逆变器	课 时	
学员姓名		组 员		机 号	

教学地点:

将学生分组,每 2 人配置一台液晶电视机,完成以下任务。

1. 对照电路图清理逆变器电路,直到理清全部线路为止,并填写表 1。

表 1　重要元器件一览表

元　件	序　号	型　号	作　用
PWM 脉冲发生器			
输出驱动管			
升压变压器			

2. 电路检测

(1) 测量脉冲发生器各引脚电压,填写表 2。

表 2　PWM 脉冲发生器各引脚电压

引脚	1	2	3	4	5	6	7	8
电压(V)								
引脚	9	10	11	12	13	14	15	16
电压(V)								

(2) 测量驱动管各引脚电压,并记录在以下位置。

(3) 测量升压变压器电阻、电压及波形

初级绕组电阻:_____,次级绕组电阻:_____。

初级绕组两端的交流电压:_____。

初级绕组两端的波形:_____。

3. 电路检修

教师设置逆变器故障供学生检修。注意,一次只设置一个故障,排除后,再设置一个,反复训练。第 1、2 个故障需填写以下维修报告,其余故障需做维修笔记。

表 3　故障 1 维修报告

故障现象	
故障分析	
检修过程	
检修结果	

表 4　故障 2 维修报告

故障现象	
故障分析	
检 修 过 程	
检修结果	

其余故障维修笔记：

教 学 效 果 评 价	学 生 评 教	学生对该课的评语： 总体感觉： 　　很满意□　　满意□　　一般□　　不满意□　　很差□
	教 师 评 学	过 程 考 核 情 况
		结 果 考 核 情 况
		评价等级： 　　优□　　良□　　中□　　及格□　　不及格□

教 学 内 容

一、逆变器介绍

逆变器是一个将直流（DC）电压变换为交流（AC）高压的电路，其作用是给液晶屏的背光灯供电，它可以被设计成一个独立的电路板，也可以与电源电路安装在同一块电路板上。逆变器刚工作时，输出电压可达 1500V，待背光灯正常发光后，输出电压在800V 左右。

1. 逆变器的结构

逆变器的结构虽然比较复杂，但概括起来可以认为逆变器是由三个功能电路构成的，图 10-1 就是逆变器的结构框图，它包含了 PWM（脉冲宽度调制）脉冲发生器、输出驱动及正弦波形成电路、升压电路三个部分。值得注意的是，正弦波形成电路既可与输出驱动电路一体化，也可与升压电路一体化。

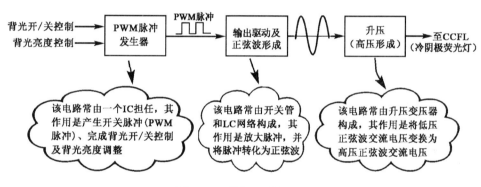

图 10-1　逆变器结构框图

2. 逆变器各部分简介

（1）PWM 脉冲发生器

PWM 脉冲发生器常由 IC 担任，目前，常用的型号有：BAF9741(BA9741)、TL494、TA9687GN、OZ9938、OZ9976、FP1451 等。PWM 脉冲发生器的引脚数量大都为 16 脚，有三种封装形式，如图 10-2 所示。

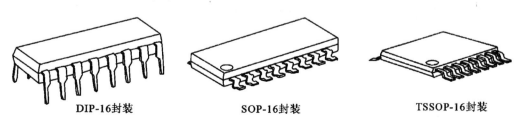

DIP-16封装　　　　SOP-16封装　　　　TSSOP-16封装

图 10-2　PWM 脉冲发生器三种封装形式

　　图 10-3 是 PWM 脉冲发生器的结构模型，可以看出其内部包含有误差放大器、振荡器、调制器、逻辑控制及输出驱动器等。PWM 脉冲发生器一般能输出两路 PWM 脉冲，应用时，可以只使用其中一路，也可以同时使用两路。芯片通电后，振荡器工作，产生三角波。三角波在调制器中被误差电压调制，形成 PWM 脉冲，再经逻辑控制及输出驱动器后送到芯片外部。

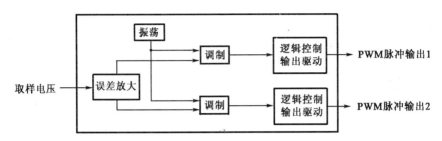

图 10-3　PWM 脉冲发生器的结构模型

（2）输出驱动及正弦波形成

　　输出驱动及正弦波形成电路的结构模型如图 10-4 所示，它利用 PWM 脉冲控制开关管，使开关管工作于开关状态，在开关管的输出端接有波形变换电路，它将开关脉冲转换为近似的正弦波电压。正弦波的幅度受 PWM 脉冲的宽度控制，PWM 脉冲宽度越宽，开关管饱和时间就越长，输出的开关脉冲的幅度就越高，正弦波的幅度也就越高。

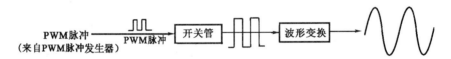

图 10-4　脉冲驱动及正弦波形成电路的结构模型

（3）升压电路

　　CCFL 采用高压供电，启辉电压高达 1500～1800V，工作电压达 600～800V。而正弦波形成电路所产生的正弦波电压往往只有几十伏，无法满足 CCFL 的要求，根本不能点亮 CCFL，所以必须进行升压处理，将低压正弦交流电升至 CCFL 所需的幅度，这一任务必须由升压电路来完成。升压电路实际上就是一个升压变压器，由于它直接驱动 CCFL，又叫 CCFL 驱动变压器，其外形如图 10-5 所示。很显然，这种变压器的外形有别于其他变压器。

图 10-5　CCFL 驱动变压器外形

二、逆变器电路分析

　　为了让大家更好地理解逆变器电路的工作过程，这里以康佳 LC32HS62B 液晶电视机的逆变器为例进行分析。康佳 LC32HS62B 液晶电视机的逆变器组成框图如图 10-6 所示，由 PWM 脉冲发生器、输出驱动、升压电路、正弦波形成电路、电流、电压检测电路及保护电路组成。该电路主要为背光灯提供所需的高压，并具有过压和过流保护功能。

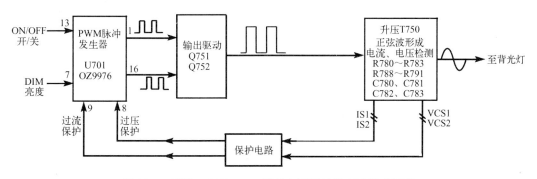

图 10-6　康佳 LC32HS62B 液晶电视机的逆变器组成框图

1．OZ9976 介绍

OZ9976 是美国凹凸科技公司（O2 公司）推出的产品，具有效率高、可靠性高、集成度高、外部元器件少等特点。内置 PWM 脉冲发生器，通过外接场效应管扩展输出功率；内置灯管过压过流保护电路，优化了软启动功能，通过调整外接阻容元件可以设定启动和关机延迟时间；具有多种调光模式（内部脉宽调制、外部脉宽调制及模拟调光功能）。OZ9976 的内部框图如图 10-7 所示，各引脚功能及电压见表 10-1。

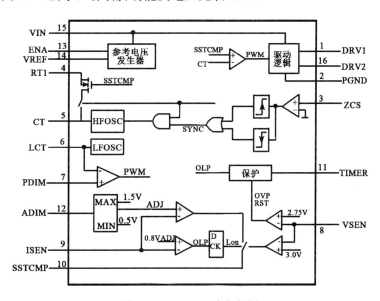

图 10-7　OZ9976 内部框图

表 10-1　OZ9976 各引脚功能及电压

引　脚	符　号	功　能	电　压
1	DRV1	驱动输出 1	3.5
2	PGND	地	0

续表

引　　脚	符　　号	功　　能	电　压
3	ZCS	零电流检测	0
4	RT1	设定工作频率范围	4.9
5	CT	最小工作频率设定电阻电容（测量该引脚电压时，灯闪烁）	1
6	LCT	设定最低工作频率	0.1
7	PDIM	背光亮度控制信号输入（PWM 脉冲）	2.9
8	VSEN	过压保护信号输入	0.1
9	ISEN	过流保护检测输入（超过阀值电压或为 0V 时，电路保护）	1.2
10	SSTCMP	软启动设定补偿	2.5
11	TIMER	设定保护关断延时时间	0
12	ADIM	模拟调光控制信号输入	5
13	ENA	使能控制端，即启动控制脚	4.1
14	VREF	参考电压输出	5
15	VIN	供电	11.5
16	DRV2	驱动输出 2	3.7

注：待机时所有引脚皆为 0V。

2．逆变器电路分析

康佳 LC32HS62B 液晶电视机逆变器电路如图 10-8 所示。

（1）背光开/关控制

背光开/关控制采用双重控制方式，一是控制 U701（OZ9976）的 15 脚供电；二是控制内部参考电压的形成。

开机后（或待机转开机后），V_{in} 方能形成，并送到 U701 的 15 脚，使 U701 获得供电电压。与此同时，主板送来的开关控制信号（即 ON/OFF 信号）为高电平（5V），该信号经 R702 加至 U701 的 13 脚，内部参考电压发生器进入工作状态，并建立起+5V 的参考电压，作为内部有关电路的电源，使 U701 进入工作状态，点亮背光灯。

待机时，V_{in} 被切断，同时 ON/OFF 信号为低电平（0V），U701 停止工作，背光灯熄灭。

（2）背光亮度控制

用于背光亮度控制的电压（即 DIM 电压）由主板送来，调节亮度时，DIM 电压变化，该电压经 R708 送到 U701 的 7 脚，控制内部电路，使 U701 输出的脉冲宽度发生变化，进而使逆变器输出的电压发生变化，最终使背光灯的亮度发生变化。

（3）开关脉冲的产生

U701 的 15 脚获得供电，且 13 脚获得高电平后，其内部立即建立起 5V 的参考电压，作为内部有关电路的电源，此时内部振荡器开始工作，振荡频率由 6 脚和 5 脚外部元器件决定。振荡脉冲经内部电路处理后，从 1 脚和 16 脚输出两列相位相反的开关脉冲，激励 T751 的初级。

（4）高压输出

Q751 和 Q752 构成推挽电路，担任输出驱动任务，在脉冲电压的激励下，Q751 和 Q752 两个场效应管处于推挽工作状态，并驱动 T750 的初级。T750 初级绕组上的电压经次

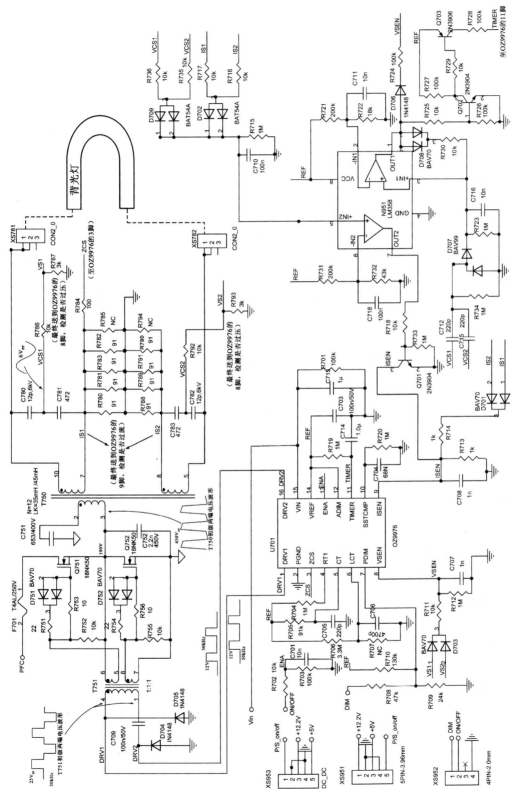

图10-8　康佳LC32HS62B液晶电视机逆变器电路

级绕组升压后变成高压交流电，由于两个次级上均并联有电容，故而构成 LC 谐振电路，使高压脉冲被转化为高压正弦波电压，提供给背光灯，使灯管点亮。在实际电路中，T750 是由两个升压变压器串联而成的。

（5）保护过程

灯管点亮后，由 R788//R789//R791//R790 和 R780//R781//R783//R782 检测灯管电流，并输出与灯管电流成正比的电压，R780//R781//R783//R782 上的电压（即 IS1）与 R788//R789//R791//R790 上电压（即 IS2）经 D701、R714 送到 OZ9976 的 9 脚，只要 9 脚超过设定值，内部电路就立即进入过流保护状态。另一方面，IS1 还要经 R784 送到 OZ9976 的 3 脚，以检测过零点，实现同步控制。

C780 和 C781 用来对 7～10 绕组上的电压进行分压，C781 上所分得的电压用 VCS1 表示，该电压经 R786 后，用 VS1 表示。同理，C783 和 C782 用来对 8～5 绕组上的电压进行分压，C783 上所分得的电压用 VCS2 表示，该电压经 R792 后，用 VS2 表示。VS1 和 VS2 经 D703、R711 后送到 OZ9976 的 8 脚，只要 8 脚电压达到 2.75V，内部电路立即进入过压保护状态。

另一方面，VCS1、VCS2 经 D709 整流、C710 滤波后送到运放器 LM358 的 5 脚；IS1、IS2 经 D702 整流、C710 滤波后，也送到 LM358 的 5 脚，经内部运算放大器放大后，从同相端 7 脚输出。当电路出现过流或过压时，IS1、IS2 会上升，或 VCS1、VCS2 会上升，从而引起 LM358 的 5 脚电压上升，7 脚电压也上升，结果使 Q701 饱和导通，OZ9976 的 9 脚变为 0V，内部电路进入保护状态，停止脉冲输出。

VCS1 和 VCS2 还要分别经 C712、C715 后混合成一路，再经 D707 整流，送到运放器 LM358 的 3 脚。当升压变压器的两个次级输出正常时，VCS1 和 VCS2 保持平衡关系（即大小相等，相位相反），经 C712、C715 混合后，相互抵消，无电压送入 LM358 的 3 脚。当升压变压器的两个次级输出不正常时（例如一个有输出，另一个无输出），VCS1 和 VCS2 不再平衡，两者混合后出现电压，该电压经 D707 整流、C716 滤波后，获得一个正电压送入 LM358 的 3 脚，经放大后从同相端 1 脚输出高电平。该电压一方面经 D706、R724 送至 OZ9976 的 8 脚，实现过压保护；另一方面送到 Q702 的基极，使 Q702 饱和导通，Q703 也饱和导通，进而使 OZ9976 的 11 脚电压上升，电路保护。由于这种保护是由于电路输出不平衡引起的，姑且称之为失衡保护。

三、逆变器的检修

逆变器电路结构复杂，保护功能齐全，故障检修难度较大，要求检修者不但要熟悉电路的工作过程和保护电路的启保条件，还要掌握电路的检修要点和检修技巧，在此基础上方能排除故障，修复机器。

1．检修要点

（1）OZ9976 的基本工作条件

① 15 脚要有 12V 供电电压，只有在供电正常的情况下，芯片才能工作；

② 13 脚要有高电平使能电压，只有在 13 脚为高电平时，内部参考电压才能建立，芯片才能工作；

③ 14 脚电压为 5V，是由内部参考电压发生器形成的。如果该引脚电压不正常，芯片会停止工作。

④ 5 脚、6 脚外部电路决定振荡频率，如果出现问题，电路会停振，或者引起保护。

（2）OZ9976 的保护问题

① 当 8 脚电压达到 2.75V 时，芯片会进入过压保护状态，并停止 PWM 脉冲输出。在检修时，为了判断电路是否过压保护，可以将 8 脚对地短路。若对地短路之后，保护解除，说明电路确实过压保护。

② 9 脚电压过高或为 0V 时，都会引起过流保护。在检修时，为了判断电路是否过流保护，可以将 9 脚外部的保护电路切断（即断开 R714 和 Q701）。若保护解除，说明电路确实过流保护。

③ 11 脚为保护延迟端，一般通过一个 1～2μF 的电容接地。当输出电路出现过压或过流时，芯片内部的开关被打开，对该引脚外部电容进行充电。当充电到一定值时，芯片内部保护功能启动，芯片停止驱动脉冲输出。改变电容的大小，可以改变芯片的保护速度，电容越大，保护越慢；电容越小，保护越快，一般设计保护时间在 1～2s。如果把 11 脚对地短接，那么保护功能就会被强行去掉。

（3）几处交流电压

① 用万用表交流挡测量 T751 初级绕组两端的交流电压，应为 4.5V 左右；两个次级绕组也为 4.5V 左右（注：万用表的型号不同，电压的大小会有区别）。初级绕组的 4.5V 可作为判断故障部位的一个依据，当初级绕组有 4.5V 交流电压时，说明 OZ9976 工作正常；当初级绕组无 4.5V 交流电压时，说明 OZ9976 工作不正常，未能输出两列 PWM 脉冲。

② 用万用表交流挡测量 T750 初级绕组两端的交流电压，应为 110V 左右（注：万用表的型号不同，电压的大小会有区别）。

③ 当用万用表的一支表笔靠近次级绕组时，表针便会大幅度偏转，这一特点可作为判断有无高压输出的重要依据。

（4）几处波形

电路图中所标的几处波形比较重要，用示波器检测这几处波形，可以帮助寻找故障部位，提高检修效率，这几处波形均是作者在实机中测得的。

2．故障检修

（1）开机后背光灯不亮

先检查 12.2V 开关电源输出是否正常，若不正常，说明 12.2V 开关电源有故障，与逆变器关系不大。若 12.2V 输出正常，说明逆变器有故障，可按如图 10-9 所示的流程进行检修。

（2）亮一下即灭

背光灯亮一下即灭是保护电路动作引起的。可先将 OZ9976 的 8 脚对地短路，若保护解除（灯管亮），说明过压保护电路动作，此时应重点检查 C781、R787 和 C783、R793 等元件。

若将 8 脚短路到地后，故障仍旧，说明故障不是过压保护引起的，可能是过流保护引起的。此时可断开 R714，若保护解除，则检查 R780～R783 和 R788～R791。若保护仍未解除，可断开 Q701，若此时保护解除，应检查 Q701、N951 及周边元器件；若保护未解除，则检查 Q702、Q703 及周边元器件。

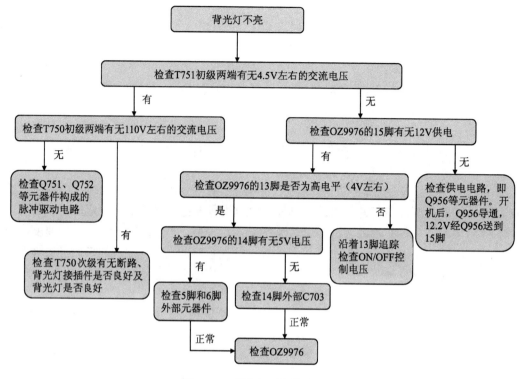

图 10-9　背光灯不亮检修流程

四、学生任务

将学生分组，每 2 人配置一台液晶电视机，并按任务书的要求完成任务。

情境 11 主板电路

【主要任务】 本情境任务有二，一是让学生了解液晶电视机主板电路的结构；二是掌握主板电路的工作过程及检修方法，并能独立完成主板电路常见故障的检修。

项目教学表

项目名称：液晶电视机主板电路			课　时	
授课班级				
授课日期				

教学目的：
　　通过教、学、做合一的模式，使用任务驱动的方法，使学生了解液晶电视机主板电路的结构，掌握主板电路的工作过程及检修方法，并能独立完成主板电路常见故障的检修。

教学重点：
　　　　讲解重点——主板电路的工作过程及检修方法；
　　　　操作重点——主板电路供电线路清理及主板故障的检修。

教学难点：
　　　　理论难点——主板电路分析；
　　　　操作难点——主板故障的检修。

教学方法：
　　　　总体方法——任务驱动法。
　　　　具体方法——实物展示、讲练结合、手把手传授、归纳总结等。

教学手段： 多媒体手段、实训手段等。

	内　　容	课　　时	方法与手段	授课地点
课时分配	一、主板介绍	2	讲授、举例；多媒体手段	多媒体实训室
	二、主板电路分析	8（理论4；实训4）	讲授、实物展示、归纳总结等方法；多媒体、实训手段	多媒体实训室
	三、主板的检修	8（理论2；实训6）	讲授、实物展示、手把手传授等；多媒体、实训手段	多媒体实训室
	四、逻辑板的检修	2	讲授、举例；多媒体手段	多媒体实训室
教学总结与评价				

任务书——主板的检测与检修

项目名称	主板的检测与检修	所属模块	主板电路	课　　时	
学员姓名		组　　员		机　　号	

教学地点：

　　将学生分组，每 2 人配置一台液晶电视机，完成以下任务。

　　1．用数码相机对主板拍照，将照片（或打印件）粘贴在以下位置，标出其上所有集成块的型号及功能。

主板照片（或打印件）粘贴处

　　2．对照电路图清理主板上的供电线路，直到理清全部线路为止。测量各 DC/DC 电路的输出电压，并记录下来。

　　3．电路检测

　　（1）测量上屏插座各引脚电压，填写表 1。

表 1　上屏插座各引脚电压

引脚											
电压（V）											
引脚											
电压（V）											

（2）测量平板处理器复位电压及时钟波形。

复位电压：_____

时钟波形：

4．画出屏电源通/断控制电路，分析其工作过程。

5．电路检修

教师设置主板故障供学生排除。注意，一次只设置一个故障，排除后，再设置一个，反复训练。第1个故障需填写以下维修报告，其余故障需做维修笔记。

表2　故障1维修报告

故障现象	
故障分析	
检 修 过 程	
检修结果	

其余故障维修笔记：

教学效果评价	学生评教	学生对该课的评语：	
		总体感觉： 很满意□　　满意□　　一般□　　不满意□　　很差□	
	教师评学	过程考核情况	
		结果考核情况	
		评价等级： 优□　　良□　　中□　　及格□　　不及格□	

教 学 内 容

　　液晶电视机的主板上装有信号处理电路、整机控制电路及 DC/DC 电路。主板负责图像信号处理和伴音信号处理，并完成整机控制。主板上大量使用 SMT 元器件，只有极少数 THT 元器件。主板对静电敏感，检修时，应采用防静电措施。为了让大家能更好地理解主板电路，这里以康佳 LC32HS62B 液晶电视机为例进行分析。

一、主板介绍

1. 主板实物图

　　康佳 LC32HS62B 液晶电视机主板照片如图 11-1 所示。

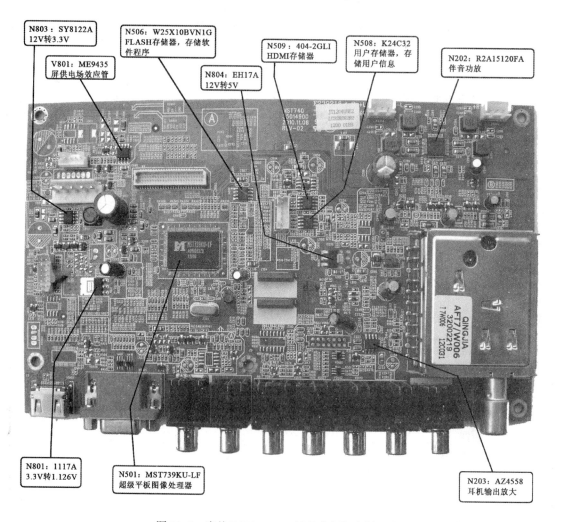

图 11-1　康佳 LC32HS62B 液晶电视机主板照片

2．IC 及接插件功能

康佳 LC32HS62B 液晶电视机主板 IC 功能见表 11-1，主板接插件功能见表 11-2。

表 11-1　主板 IC 功能

序　号	型　号	功　能
N501	MST739KU-LF	超级平板图像处理器（集模拟处理、数字处理与 CPU 于一体）
N509	图标：24C04 实物：404-2GLI	HDMI 和 DDC 存储器（见注解），内部写入 HDMI 设置数据及按键数据，更换存储器需要写入数据，否则会导致 HDMI 无法使用
N508	K24C32	用户存储器（CPU 的外挂存储器），存储用户信息和厂家信息
N506	图标：MX25LV020 实物：W25X10BVN1G	Flash 存储器（存储软件程序）
N203	AZ4558	耳机输出放大
N202	R2A15120FA	2×15W 数字伴音功放电路
N804	图标：AMS1117-5.0 实物：EH17A	DC/DC 转换（12V 转 5V）
N803	图标：AOZ1072 实物：SY8122A	DC/DC 转换（12V 转 3.3V）
N801	1117A	DC/DC 转换（3.3/1.126V）
N410	IP4223CZ6	双向限幅二极管阵列
N411	IP4223CZ6	双向限幅二极管阵列

注：DDC（Display Data Channel）即显示器数据通道。DDC 是一个 I^2C 通道，是主机用于访问显示器存储器以获取显示器格式数据、确定显示器的显示属性（如分辨率、幅型比等）信息的数据通道。DDC 最直接的应用就是提供显示器的即插即用功能。

表 11-2　主板接插件功能

序　号	功　能
XS807	电源/背光板控制插口，用于传输电源开机/待机控制信号和背光灯控制信号
XS801	供电接插件，与电源板相连
XS644	控制板接插件，与控制板相连，传输按键、遥控信号和指示灯控制信号
XS501	上屏接插件，与逻辑板相连，传输双路 10 位 LVDS 信号
XS502	生产时，烧录数据用
XS202	R 声道输出插口，连接扬声器
XS204	L 声道输出插口，连接扬声器

3．主板电路结构框图

主板电路以 N501（MST739KU-LF）为核心构成，其框图如图 11-2 所示。

主板输入信号有以下 6 种：

TV 高频信号——先经调谐器和前置中放处理，形成图像中频信号（VIF）和伴音中频信号（SIF）；

AV 信号——包含一路视频信号（CVBS）和两路音频信号（R、L）；

S 端子信号——传输的是亮度（Y）和色度（C）分离信号，其图像质量比 CVBS 要好；

分量信号——传输的是亮度信号（Y）和两个色差信号（蓝色差 Pb、红色差 Pr），其图像质量比 S 端子要好，同时带有独立的音频输入口（即分量音频输入口）；

　　VGA 信号——传输的是三基色信号和同步信号，同时带有独立的音频输入口（即 PC 音频输入口）；

　　HDMI 信号——传输的是一种数字视频和数字音频信号。

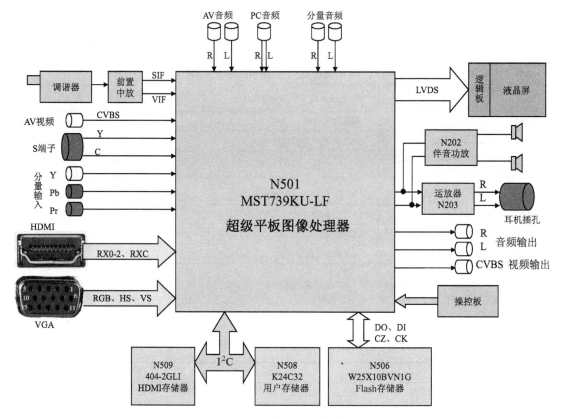

图 11-2　主板电路结构框图

　　N501 输出的是双路 10 位 LVDS 信号，提供给液晶屏上的逻辑板。

　　N501 在处理信号和控制整机时，均需存储器系统的配合，故其外部挂有三种存储器。

4. 主板供电配置图

　　主板供电配置情况如图 11-3 所示，从图中可以看出两点：

　　一是电源电路只向主板提供一路 12.2V 电压（记为 VCC-12V），其他 5V、3.3V、1.26V 电压均是由 VCC-12V 经过一次或两次转换而形成的。

　　二是除了 AMP-12V、STB-3.3V、AVDD-MPLL、VDDP-PM 为非受控电压外，其余各路电压均为受控电压。所谓非受控电压是指不受 CPU 控制的电压，而受控电压是指受 CPU 控制的电压。非受控电压不管是在正常工作状态下，还是待机状态下均存在，而受控电压只有在正常工作状态下才会形成，在待机状态则被切断。

　　了解主板的供电配置尤为重要，液晶电视机的许多故障都是因为缺少某种供电造成的，在检修时，灵活运用供电配置图，对寻找故障很有帮助。

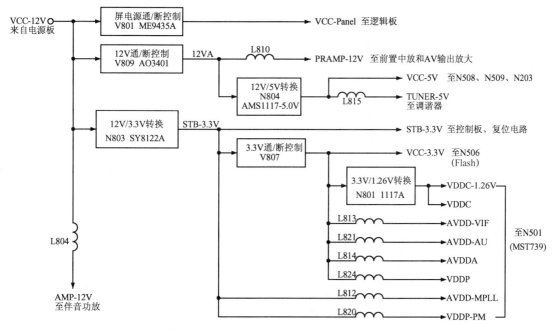

图 11-3　主板供电配置图

二、主板电路分析

1. DC/DC 电路

DC/DC 电路就是直流/直流转换电路，由于电源板只输出一路 12.2V 电源（在主板上简称为 12V 电源，用 VCC-12V 表示），而主板工作时，除了需要 12V 电源外，还需要 5V、3.3V 和 1.26V 电源，这就要求在主板上设置一些 DC/DC 电路。本机主板上设有 3 种 DC/DC 电路，即 12V/5V 转换电路、12V/3.3V 转换电路、3.3V/1.26V 转换电路。下面分别对这三种 DC/DC 电路进行分析。

（1）12V/5V 转换电路

12V/5V 转换电路如图 11-4 所示，采用三端稳压器 AMS1117-5.0V 来完成直流转换。12V 电压从 AMS1117-5.0V 的 3 脚输入，由内部电路将 12V 转换为 5V，再从 2 脚输出。

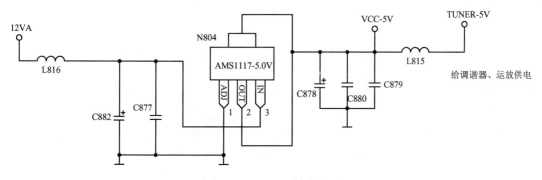

图 11-4　12V/5V 转换电路

（2）12V/3.3V 转换电路

12V/3.3V 转换采用开关稳压器 SY8122A 来完成，SY8122A 的内部框图如图 11-5 所示，其内部含有场效应开关管、振荡器、稳压控制电路及多种保护电路。该芯片采用 8 脚封装，各引脚功能见表 11-3。

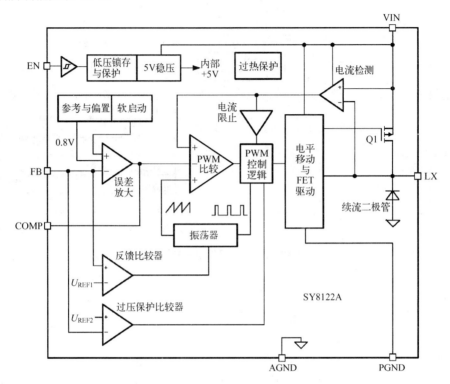

图 11-5　SY8122A 的内部框图

表 11-3　SY8122A 引脚功能

引　脚	符　号	功 能 说 明
1	PGND	接地
2	VIN	供电电压输入
3	AGND	接地
4	FB	反馈脚，用于稳压控制。此引脚通过电阻分压器与输出电压相连
5	COMP	自举升压脚。与 LX 脚相连一个 0.1μF 的电容，以驱动内部 MOSFET
6	EN	使能输入。高电平开启，低电平关闭
7	LX	开关脉冲输出脚
8	LX	空脚，常与输出端相连

12V/3.3V 转换电路如图 11-6 所示，这是一个串联型开关电源。12V 电压一方面从 N803（SY8122A）的 2 脚输入，另一方面经 R819 加至 6 脚，使内部 5V 稳压器工作，建立起 5V 的参考电压，作为内部相关电路的供电电压。在参考电压的作用下，内部振荡器开始工作，产生开关脉冲，进而使内部开关管进入开关工作状态。在内部开关管饱和期间，12V 电压从 2 脚输入，经内部开关管后从 7 脚输出，再经储能电感 L803 对 C806、C830、

C831、C810、C860 五个并联电容充电，在并联电容上建立起输出电压，同时 L803 上储存能量。在内部开关管截止期间，L803 产生右正左负的自感电动势，并经 N803 内部的续流二极管对 C806、C830、C831、C810、C860 五个并联电容进行充电，使输出电压的纹波减小。

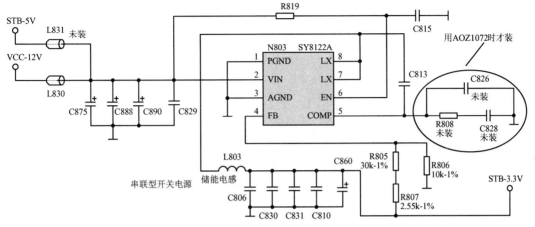

图 11-6   12V/3.3V 转换电路

电路具有稳压功能，当输出电压（STB-3.3V）上升时，经 R807、R805 和 R806 分压后，4 脚电压也上升，经内部电路处理后，使开关管饱和时间缩短，输出电压下降。同理，若输出电压下降，则 4 脚电压也下降，经内部电路处理后，开关管饱和时间会上升，使输出电压也上升。由于 4 脚的稳压作用，输出电压总保持稳定。

输出电压 U_o 的大小取决于 4 脚外部电阻，可按下式进行计算：

$$U_\mathrm{o}=0.8\times\left(1+\frac{R_{807}+R_{805}}{R_{806}}\right)$$

若将图中的数据代入上式，可以算出输出电压为 3.4V，这个电压用 STB-3.3V 表示。

（3）3.3V/1.26V 转换电路

3.3V/1.26V 转换电路如图 11-7 所示，采用三端调压器 1117A 来完成直流转换。3.3V 电压从 1117A 的 3 脚输入，由内部电路将 3.3V 转换为 1.26V，从 2 脚输出。1 脚为调压端，改变 1 脚外部分压电阻，即可改变输出电压的高低。

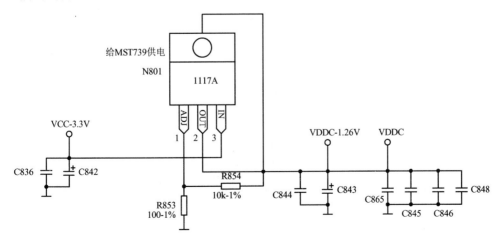

图 11-7   3.3V/1.26V 转换电路

2. 信号处理电路

信号处理电路如图 11-8 所示，图中标明了各类信号的输入情况及所占用的引脚。芯片能对信号进行模拟处理和数字处理，模拟处理包括中频处理、视频解码处理、画质改善、伴音处理等；数字处理包括 A/D 变换、HDMI 解码、格式转换、平板图像处理、LVDS 编码等处理。

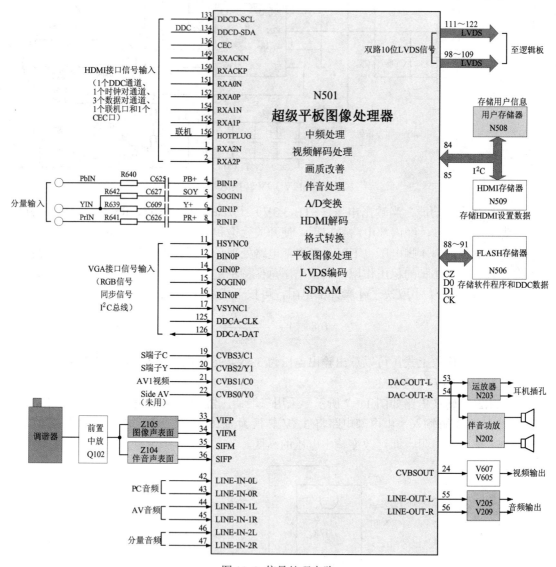

图 11-8 信号处理电路

无论哪种信号源，视频信号最终被转换为双路 10 位 LVDS 信号，从 98～109 脚和 111～122 脚输出，送到液晶屏逻辑板；伴音信号以模拟音频形式从 53 脚和 54 脚输出，送到伴音功放电路及耳机输出运放器，最终驱动扬声器及耳机工作。芯片还提供了一路 AV 输出功能，视频从 24 脚输出，音频从 55 脚和 56 脚输出。

芯片外挂以下三种存储器：

HDMI 存储器（N509）——存有 HDMI 设置数据。HDMI 设备与 HDMI 存储器通过

I^{2}C 总线进行通信，完成液晶电视的身份识别，以实现即插即用功能。

用户存储器（N508）——用来存储用户信号和厂家信息，如频道控制信息、模拟量控制信息等，以及厂家写入的各种控制信息、广告信息、商标信息等。

Flash 存储器（N506）——用于程序存储，提供软件的存储空间和运行空间。

N508 和 N509 通过 I^{2}C 总线（即 SCL 线和 SDA 线）与 N501 相连；N506 通过 4 根线与 N501 相连，这 4 根线分别是 CZ（片选线）、D0（数据线 0）、D1（数据线 1）、CK（时钟线）。

3．控制电路

（1）CPU 的控制功能

N501（MST739KU-LF）是超级平板图像处理器，内含一个嵌入式 CPU，依靠 CPU 可以完成整机控制。CPU 各控制脚的功能如图 11-9 所示。

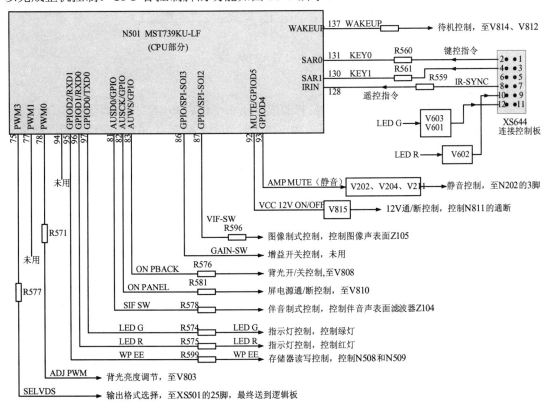

图 11-9 CPU 各控制脚的功能

（2）背光控制过程

背光控制过程如图 11-10 所示，其功能是控制逆变器的工作与否，调节背光亮度。

MST739 的 83 脚输出背光开/关控制电压，正常工作时，83 脚输出低电平，V808 截止，其集电极输出高电平（5V），经接插件 XS807 送至逆变器电路，使逆变器电路处于正常工作状态；在待机时，83 脚输出高电平，使 V808 饱和导通，其集电极输出低电平（0V），经接插件 XS807 送至逆变器电路，使逆变器电路停止工作，背光灯熄灭。

MST739 的 78 脚输出背光亮度调节电压（PWM 脉冲），经 R829、R830、XS807 送至

逆变器电路，以调节背光灯的亮度。

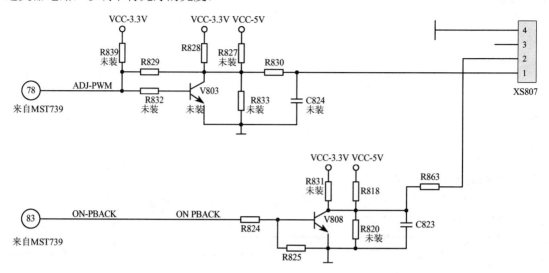

图 11-10　背光控制过程

（3）待机控制过程

待机控制过程如图 11-11 所示，待机控制电压由 MST739 的 137 脚输出，一方面经 V814、V813、XS803 送到电源/背光板，另一方面经 V812 控制 V807 的导通与否。正常工作时，137 脚输出高电平，经 V814、V813 两次倒相后，获得高电平从 XS803 的 5 脚送到电源/背光板，使电源/背光板处于正常工作状态；与此同时，137 脚的高电平使 V812 饱和导通，进而使 V807 饱和导通，3.3V 电源经 V807 而输出，使其负载获得供电，并正常工作。

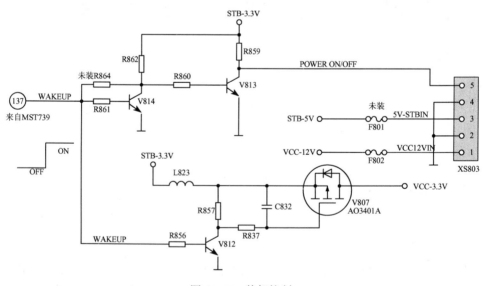

图 11-11　待机控制

待机时，137 脚输出低电平，经 V814、V813 两次倒相后，获得低电平从 XS803 的 5 脚送到电源/背光板，使电源/背光板进入待机状态；同时，137 脚的低电平使 V812 截止，进而使 V807 也截止，3.3V 电源被切断，其负载停止工作，整机处于待机状态。

（4）屏电源通/断控制过程

屏电源通/断控制过程如图 11-12 所示，该电路的功能是正常工作时接通逻辑板供电电源，待机时切断逻辑板供电电源。

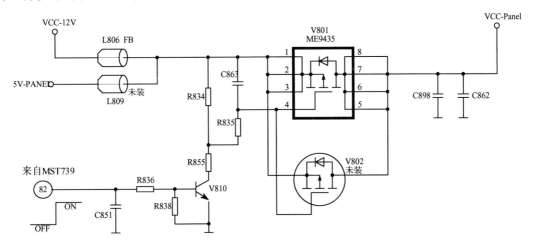

图 11-12　屏电源通/断控制过程

正常工作时，MST739 的 82 脚送来高电平，V810 饱和导通，其集电极输出低电平送至场效应管 V801 的 4 脚，使 V801 饱和导通，VCC-12V 电源通过 V801 给液晶屏的逻辑板供电（记为 VCC-Panel）。

待机时，MST739 的 82 脚送来低电平，V810 截止，其集电极输出高电平送至场效应管 V801 的 4 脚，使 V801 也截止，VCC-12V 电源被切断，停止给逻辑板供电。

（5）12V 通/断控制过程

12V 通/断控制过程如图 11-13 所示，该电路的功能是正常工作时接通 12V 电源，使相应负载获得供电；待机时切断 12V 电源，使相应负载失去供电。

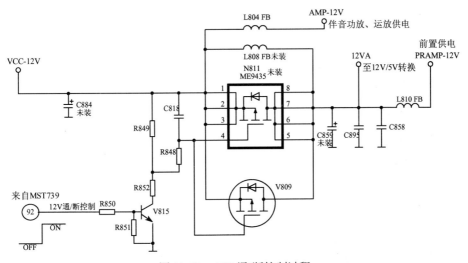

图 11-13　12V 通/断控制过程

正常工作时，MST739 的 92 脚送来高电平，V815 饱和导通，其集电极输出低电平送至场效应管 V809 的栅极，使 V809 饱和导通，VCC-12V 电源通过 V809 给相应负载（前置中放、AV 输出放大、12V/5V 转换电路等）供电。

待机时，MST739 的 92 脚送来低电平，V815 截止，其集电极输出高电平送至场效应管 V809 的栅极，使 V809 也截止，VCC-12V 被切断，相应负载失去供电。

4．基本工作条件电路

基本工作条件电路指的是 MST739 的供电、复位及时钟电路，这部分电路如图 11-14 所示，其功能是为芯片提供最基本的工作条件。

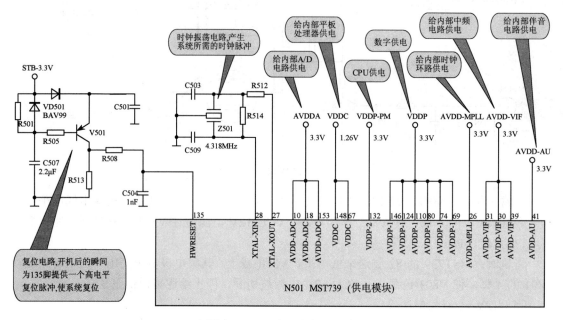

图 11-14　基本工作条件电路

复位电路以 V501 为核心构成，开机后的瞬间，复位电路为芯片的 135 脚提供一个高电平复位脉冲，使芯片复位。时钟电路接在 27 脚和 28 脚外部，产生系统所需的时钟脉冲。芯片工作时需要 3.3V 和 1.26V 供电电压，其中 AVDD-MPLL 和 VDDP-PM 为内部 CPU 部分供电，这两路供电电压不受待机的控制（即使在待机状态下，也必须保持 3.3V），其余各路供电电压均受待机控制，即在待机状态下全部被切断。

5．伴音功放电路

本机伴音功放电路以 R2A15120FA 为核心构成，其电路简图如图 11-15 所示。R2A15120FA 是骏业科技公司推出的 2×15W 数字伴音功放电路，采用 48 脚封装，其外部电路极为简单。

左路音频信号从 4 脚输入，在内部被转换为 PWM 脉冲，再经 BTL 功率放大后，从 47/48 脚和 37/38 脚输出，由外部低通滤波器将功率 PWM 脉冲还原为音频信号，经接插件 XS204 送入左路扬声器，推动扬声器工作。

右路音频信号从 9 脚输入，从 13/14 脚和 23/24 脚输出，最终推动扬声器工作。信号处理过程与左路完全相同。

芯片的 2 脚为待机控制脚，正常工作时，2 脚为高电平（5V），内部前置放大器工作；

待机时，2 脚为低电平时，内部前置放大器关闭。2 脚控制电压来源于 N501 的 137 脚。

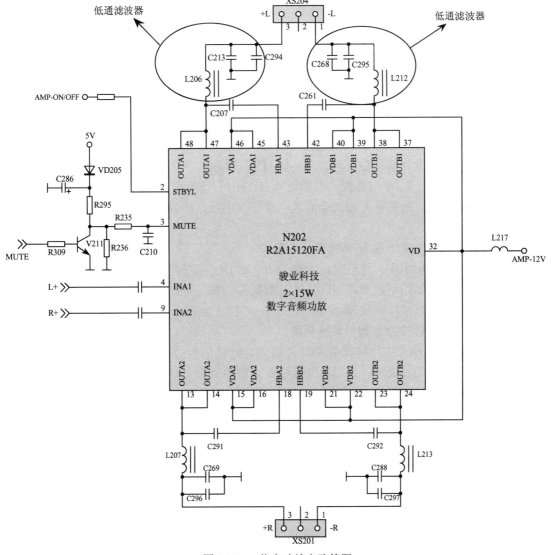

图 11-15　伴音功放电路简图

3 脚为静音控制端，低电平时（实测为 2V），芯片处于静音状态，无信号输出；高电平时（实测为 5V），芯片正常工作。3 脚控制电压来源于 N501 的 93 脚。

三、主板的检修

1．主板故障的判断方法

要判断主板是否存在问题，可以采用以下方法：

（1）二次开机后，检查主板是否输出了开机指令至电源板。若未输出开机指令，说明主板有问题。

（2）二次开机后，检查主板是否输出了屏电源至逻辑板。若未输出屏电源，说明主板有问题。

（3）二次开机后，检查主板是否输出了背光开启指令至逆变器。若未输出背光开启指令，说明主板有问题。

（4）若出现图、声、光异常，检查上述情况均正常，而检查上屏接口的相应电压和波形均异常时，说明主板有问题。

2. 主板故障范围的诊断方法

当知道主板出现故障后，可采用以下一些方法来判断故障范围。

（1）充分利用信号源来帮助判断故障范围

液晶电视机一般允许多种信号源输入，如 TV 信号源、AV 信号源、YUV（YPbPr）信号源、S 端子信号源、VGA 信号源，有的还有 HDMI 信号源和 DVI 信号源等。每种信号源都有自己的独立电路，所有信号源又会通过一些公共电路，所以充分利用这些信号源有助于维修者缩小故障范围。

（2）充分利用供电电压来帮助判断故障范围

主板需要多种供电电压，这些电压大都是由 DC/DC 电路产生的。任何一种供电电压不正常，都会导致主板工作不正常。因此，通过测量各种供电电压是否正常，有时也能帮助检修者确定故障范围，甚至排除故障。

（3）充分利用时钟信号来判断故障范围

主板上的数字芯片在工作时都需要时钟信号，时钟信号可以由芯片自带的时钟振荡器产生，也可以由其他芯片提供。利用示波器可以方便地测量出时钟信号是否正常，进而判断故障是否是因时钟信号引起的。

（4）充分利用复位电路来判断故障范围

主板上的数字芯片都必须由相应的复位电路进行复位，只有正常复位后芯片才能工作。因此，当主板出现故障时，通过对各芯片的复位电路进行检查，有助于明确故障性质，找到故障部位。

3. 主板的关键检测点

主板上共有八大关键检测点，掌握这些关键检测点对检修故障很有帮助。这八大关键检测点分别是：① 开机/待机控制电压；② 主板的各种供电电压；③ 屏电源电压及其开/关控制电压；④ 逆变器开/关控制电压；⑤ 时钟信号；⑥ 复位电压；⑦ I^2C 总线电压；⑧ LVDS 信号。

（1）怎样检测开机/待机控制电压

先找到 CPU 的开机/待机控制引脚，开机后测该脚电压，按面板上或遥控器上的待机键后再测该脚电压，看电压是否跳变。若跳变，说明 CPU 输出正常；否则说明 CPU 不能输出开机/待机控制电压，在这种情况下，主板是不能转入正常工作状态的。

（2）怎样检测主板的各种供电电压

在电源板输出正常电压的前提下，只要检测主板上的各个 DC/DC 电路，看它们能否输出相应的电压即可。若某个 DC/DC 电路不能输出相应的电压，就得重点检查这个电路。

（3）怎样检测屏电源电压及其开/关控制电压

先找到 CPU 的屏供电控制脚，通电后测该脚电压，按面板上或遥控器上的待机键后再测该脚电压,看电压能否跳变。若能跳变,说明 CPU 输出正常。

接着找到屏供电电路,并测量其输出电压,在待机时,电压应为 0V;在开机后,电压应为 12V 或 5V。

（4）怎样检测逆变器开/关控制电压

首先在主板上找到主板与电源板连接插口,再从这个插口中找到逆变器开/关控制脚,然后测量该脚电压。如果机器从待机状态转为开机状态时,该脚电压能够跳变,说明主板能够输出逆变器开/关控制电压;否则,说明主板不能输出逆变器开/关控制电压。此时,逆变器总处于关闭状态,屏幕不能点亮。接着对逆变器开/关控制电压的来源进行检查。一般来说,逆变器开/关控制电压是由 CPU 或平板图像处理器输出的,因此必须从 CPU（或平板图像处理器）上找到这个控制脚,并测量这个引脚在待机和开机状态下的电压,若能跳变,说明正常,否则,说明不正常。

（5）怎样检测复位电压

液晶电视机主板上的数字芯片在开机后的瞬间都需要进行复位操作,绝大多数芯片采用低电平复位方式,复位完毕,复位端子保持高电平。当测得复位端子电压为低电平时（低于 2V）,说明复位过程一定有问题,此时可通过断开复位端与外部的联系来进一步查证。若断开复位端后,复位电路输出的电压正常了（约 3V）,说明故障出在芯片内部,应更换芯片;若电压仍较低,则应检查复位电路本身。

当采用高电平复位方式时,复位完毕,复位端子保持低电平,用万用表测量时,应为 0V,否则,说明复位有问题。

（6）怎样检测时钟信号

检查时钟信号时,最好使用示波器。直接测量时钟振荡端波形,若正常,说明时钟振荡电路无问题;若波形不正常或无波形,说明振荡电路有问题。振荡电路问题大多数是因晶振引起的,可用优质晶振替换试试,若仍未解决问题,就应更换芯片。

（7）怎样检测 I^2C 总线电压

I^2C 总线包含两根线,即 SDA 线和 SCL 线,这两根线的电压非常接近,且均为高电平。首先找到 CPU 和平板图像处理器（SCALER）,对这两个芯片的 I^2C 总线进行测量,其正常电压应为 2～3V。再对其他芯片的 I^2C 总线进行测量,看电压是否正常。值得注意的是,当芯片采用 3.3V 供电时,I^2C 总线电压为 2～3V,当芯片采用 5V 供电时,I^2C 总线电压为 3～5V。另外,当芯片上有几组 I^2C 总线时,每一组总线都要测量。

（8）如何检测 LVDS 信号是否正常

对 LVDS 信号的检测需借助示波器,通过示波器可以非常直观地观察到 LVDS 信号的波形,使维修者可以轻而易举地判断出 LVDS 信号是否正常。在无示波器的情况下,也可通过测量电压来粗略判断 LVDS 信号是否正常。若测得的每个 LVDS 信号电压均在 1.2V 左右,时钟信号在 1.3V 左右,说明基本正常。若电视机有"图像模式"选择功能,则可一边测电压,一边反复按压"图像模式"键,观察电压有无变动,若变动,说明正常,否则说明不正常。

4. 主板常见故障的检修

（1）不能二次开机

对于不能二次开机的故障,应着重检查主板上的 CPU 是否输出了开机电压。若 CPU 未输出开机电压,说明 CPU 工作不正常,应对 CPU 的供电、复位、时钟及 I^2C 总线电路进行检查。若 CPU 能正常输出开机电压，说明 CPU 工作正常，此时可根据开机电压的传输路径对受控电路逐一进行检查。

（2）二次开机后屏幕不亮

对于二次开机后屏幕不亮（又称黑屏）的故障，一般是因背光灯不亮造成的，原因有以下两点：一是因逆变器自身不正常造成的，故障在逆变器；二是因主板未能输出逆变器开启指令，从而致使逆变器不工作。检修时，可先检查逆变器是否获得了开启指令，若获得了开启指令，说明故障在逆变器；若未获得开启指令，说明故障在主板，此时应仔细检查指令传输路径。

（3）无图像

这种故障体现为开机后屏幕能亮，但无图像。对于无图像的故障，应充分利用信号源来判断故障范围。若所有信号源均无图像，说明故障在公共电路上。此时应检查主板与逻辑板之间的连接是否良好、主板是否输出了正常的供电电压给逻辑板、主板是否有正常的 LVDS 信号提供给逻辑板。若主板能提供正常的供电电压和 LVDS 信号给逻辑板，说明主板正常，故障应在逻辑板或液晶屏。若主板不能提供正常的供电电压和 LVDS 信号给逻辑板，说明故障在主板，此时可对平板图像处理器的供电、复位、时钟等电路进行检查，若未发现异常，可更换平板图像处理器或更换主板。

（4）图像异常（如花屏、撕裂等）

对于图像异常故障，应检查平板图像处理器与其外部的 SDRAM 之间的通信是否良好，以及 SDRAM 是否良好。

四、逻辑板的检修

在液晶屏上，通常还绑定一块很小的电路板，这块电路板叫逻辑板（或叫驱动板），其上装有 CPU 和时序控制器。逻辑板的功能是将主板产生的 LVDS 信号转换成液晶屏所需要的信号格式，驱动液晶屏正常工作而显像。在实际检修中，逻辑板的故障也屡见不鲜，下面介绍逻辑板的检修情况。

1．逻辑板的检查方法

检查逻辑板故障时，常从以下几个方面入手：

① 检查逻辑板供电是否正常（根据液晶屏不同有 5V 和 12V 两种供电电压）。

② 检查逻辑板上芯片供电是否正常（一般为 3.3V、2.5V 等）。

③ 检查逻辑板的升压电路是否正常。逻辑板上设有 DC/DC 电路，能将 5V 或 12V 的低电压升至 15～30V（由液晶屏决定），主要提供给液晶屏内部的驱动电路。

④ 检查逻辑板上的 LVDS 信号连接插座是否正常。可用数字万用表测量 LVDS 信号的直流电压或用示波器测量波形，如果发现直流电压过低或无波形，则应拔掉 LVDS 信号连接插座，若此时主板端的 LVDS 信号直流电压恢复正常的话，可初步判定为逻辑板损坏，否则为主板损坏。

2．常见故障的检修

① 如遇见屏幕出现很多无规则的竖条线、灰屏或只有一半图像的现象，则需要代换逻

辑板来判断是液晶屏的问题还是逻辑板的问题。

②　若屏幕上有时出现花屏现象，除检查主板外，别忘了还要检查主板至逻辑板一端插头是否松动。如果是，可将此插头在插入逻辑板的插座时，垫上适当厚度的阻燃胶带。

③　若出现图像花屏而字符显示正常时，则可判断主板损坏。

逻辑板损坏后，能修则修，若维修难度太大，则干脆更换。表 11-4 列出了部分液晶电视机逻辑板损坏后的故障现象可供大家维修时参考。

表 11-4　液晶电视机逻辑板损坏故障现象

机 型	故 障 现 象
海尔 L32R1	图像上有色斑
海信 TLM22V68	屏幕上部显示正常，下部为倒像。逻辑板与液晶屏之间通过软排线焊在一起，一般情况下只有更换液晶屏组件
海信 TLM40V68P	无图像，屏幕四周为蓝色光栅
海信 TLM4236P	热机后出现花屏
乐华 LCD32M09	图像对比度过大，不清晰（逻辑板型号为 V315B1-L06）
三星 LA32S71B	①　图像颜色不正常，但调出菜单后，菜单及后面图像的彩色正常； ②　图像无层次，呈负像，类似照相片； ③　图像淡薄，无层次，不清晰（逻辑板型号为 V315B1-C01）； ④　屏幕上有许多暗色竖条，图像背景偏红（逻辑板型号为 V400H1.C01）
三星 LA37R81BA	静止画面正常，活动画面拖尾、模糊
夏新 LC-27HWT1	图像暗淡、无层次
夏新 LC-32HWT3	静止画面正常，活动画面拖尾、模糊
长虹各型号	①　屏上出现间断竖线或横线； ②　彩色图像上出现局部颜色不正常； ③　有伴音、无图像； ④　图像上出现点状干扰； ⑤　图像的灰度等级不正常； ⑥　图像无层次，呈负像，类似照相底片； ⑦　图像撕裂不全

五、学生任务

将学生分组，每 2 人配置一台液晶电视机，并按任务书的要求完成任务。

反侵权盗版声明

电子工业出版社依法对本作品享有专有出版权。任何未经权利人书面许可，复制、销售或通过信息网络传播本作品的行为；歪曲、篡改、剽窃本作品的行为，均违反《中华人民共和国著作权法》，其行为人应承担相应的民事责任和行政责任，构成犯罪的，将被依法追究刑事责任。

为了维护市场秩序，保护权利人的合法权益，本社将依法查处和打击侵权盗版的单位和个人。欢迎社会各界人士积极举报侵权盗版行为，本社将奖励举报有功人员，并保证举报人的信息不被泄露。

举报电话：（010）88254396；（010）88258888

传　　真：（010）88254397

E-mail：dbqq@phei.com.cn

通信地址：北京市海淀区万寿路 173 信箱

　　　　　电子工业出版社总编办公室

邮　　编：100036